Zur Einführung
der Bibliothek des Radioamateurs.

Schon vor der Radioamateurbewegung hat es technische
und sportliche Bestrebungen gegeben, die schnell in breite Volksschichten eindrangen; sie alle übertrifft heute bereits an Umfang
und an Intensität die Beschäftigung mit der Radiotelephonie.
Die Gründe hierfür sind mannigfaltig. Andere technische
Betätigungen erfordern nicht unerhebliche Voraussetzungen.
Wer z. B. eine kleine Dampfmaschine selbst bauen will — was
vor zwanzig Jahren eine Lieblingsbeschäftigung technisch be-
gabter Schüler war — benötigt einerseits viele Werkzeuge und
Einrichtungen, muß andererseits aber auch ein guter Mechaniker
sein, um eine brauchbare Maschine zu erhalten. Auch der Bau
von Funkeninduktoren oder Elektrisiermaschinen, gleichfalls
eine Lieblingsbetätigung in früheren Jahrzehnten, erfordert
manche Fabrikationseinrichtung und entsprechende Geschicklichkeit.

Die meisten dieser Schwierigkeiten entfallen bei der Beschäftigung mit einfachen Versuchen der Radiotelephonie.
Schon mit manchem in jedem Haushalt vorhandenen Altgegen-
stand lassen sich ohne besondere Geschicklichkeit Empfangs-
resultate erzielen. Der Bau eines Kristalldetektorempfängers
ist weder schwierig noch teuer, und bereits mit ihm erreicht man
ein Ergebnis, das auf jeden Laien, der seine ersten radiotelepho-
nischen Versuche unternimmt, gleichmäßig überwältigend wirkt:
Fast frei von irdischen Entfernungen, ist er in der Lage, aus dem
Raum heraus Energie in Form von Signalen, von Musik, Gesang
usw. aufzunehmen.

Kaum einer, der so mit einfachen Hilfsmitteln angefangen
hat, wird von der Beschäftigung mit der Radiotelephonie los-
kommen. Er wird versuchen, seine Kenntnisse und seine Appara-
tur zu verbessern, der wird immer bessere und hochwertigere
Schaltungen ausprobieren, um immer vollkommener die aus

dem Raum kommenden Wellen aufzunehmen und damit den Raum zu beherrschen.

Diese neuen Freunde der Technik, die „Radioamateure", haben in den meisten großzügig organisierten Ländern die Unterstützung weitvorausschauender Politiker und Staatsmänner gefunden unter dem Eindruck des universellen Gedankens, den das Wort „Radio" in allen Ländern auslöst. In anderen Ländern hat man den Radioamateur geduldet, in ganz wenigen ist er zunächst als staatsgefährlich bekämpft worden. Aber auch in diesen Ländern ist bereits abzusehen, daß er in seinen Arbeiten künftighin nicht beschränkt werden darf.

Wenn man auf der einen Seite dem Radioamateur das Recht seiner Existenz erteilt, so muß naturgemäß andererseits von ihm verlangt werden, daß er die staatliche Ordnung nicht gefährdet.

Der Radio-Amateur muß technisch und physikalisch die Materie beherrschen, muß also weitgehendst in das Verständnis von Theorie und Praxis eindringen.

Hier setzt nun neben der schon bestehenden und täglich neu aufschießenden, in ihrem Wert recht verschiedenen Buch- und Broschürenliteratur die „Bibliothek des Radioamateurs" ein. In knappen, zwanglosen und billigen Bändchen wird sie allmählich alle Spezialgebiete, die den Radioamateur angehen, von hervorragenden Fachleuten behandeln lassen. Die Koppelung der Bändchen untereinander ist extrem lose: jedes kann ohne die anderen bezogen werden, und jedes ist ohne die anderen verständlich.

Die Vorteile dieses Verfahrens liegen nach diesen Ausführungen klar zutage: Billigkeit und die Möglichkeit, die Bibliothek jederzeit auf dem Stande der Erkenntnis und Technik zu erhalten. In universeller gehaltenen Bändchen werden eingehend die theoretischen Fragen geklärt.

Kaum je zuvor haben Interessenten einen solchen Anteil an literarischen Dingen genommen, wie bei der Radioamateurbewegung. Alles, was über das Radioamateurwesen veröffentlicht wird, erfährt eine scharfe Kritik. Diese kann uns nur erwünscht sein, da wir lediglich das Bestreben haben, die Kenntnis der Radiodinge breiten Volksschichten zu vermitteln. Wir bitten daher um strenge Durchsicht und Mitteilung aller Fehler und Wünsche.

Dr. Eugen Nesper.

Bibliothek des Radio-Amateurs 16. Band
Herausgegeben von **Dr. Eugen Nesper**

Baumaterialien
für Radio-Amateure

Von

Felix Cremers

Mit 10 Textabbildungen

Berlin
Verlag von Julius Springer
1925

Alle Rechte, insbesondere das der Übersetzung
in fremde Sprachen, vorbehalten.

ISBN-13: 978-3-642-89099-4   e-ISBN-13: 978-3-642-90955-9
DOI: 10.1007/978-3-642-90955-9
Softcover reprint of the hardcover 1st edition 1925

Vorwort.

Die Aufgabe, die ich mir in dem vorliegenden Bändchen gestellt hatte, bestand darin, dem Radioamateur über alle Stoffe, die man in der Funktechnik verwendet, das Notwendigste mitzuteilen. Hierzu war es erforderlich in einem ersten Abschnitt zahlreiche Begriffe zu erläutern, welche die Eigenschaften der Materialien bestimmen. In zwei weiteren Teilen wurden dann die Isolierstoffe, sowie die Elektrizitätsleiter behandelt; und in einem vierten Abschnitt alle diejenigen Stoffe besprochen, welche man weder zu den Isolierstoffen noch zu den Leitern zählen kann, und die man doch nicht immer als Halbleiter bezeichnen darf. Der letzte Teil bringt Rezepte für die Bastelstube und eine große Zahl von Tabellen, in denen ich versucht habe alle bis heute bekannt gewordenen elektrischen, mechanischen und chemischen Daten der Radiobaumaterialien festzuhalten. Eine mehrmalige aufmerksame Durchsicht dieser Tafeln läßt den Konstrukteur schon tief in die Technologie der Baustoffe eindringen, und er wird bald mit der Materie vertraut werden und lernen, den richtigen Stoff an der richtigen Stelle zu verwenden.

Die „Baumaterialien für den Radioamateur" konnten bei dem Umfang des Buches nur wichtige Teilgebiete, und auch diese nur in Umrissen, umfassen; auf die Besprechung mancher Einzelheiten mußte deshalb verzichtet werden. Zu eingehenderem Studium dienen zahlreiche Literaturhinweise.

Für Anregungen aus Fach- und Amateurkreisen wäre ich sehr dankbar; vor allem für den Abschnitt Rezepte, welcher mit der Zeit mehr ausgestattet werden soll.

Ich möchte noch allen denjenigen Firmen danken, welche mir durch Auskünfte meine Arbeit erleichterten.

Darmstadt, im Mai 1925.

Der Verfasser.

Inhaltsverzeichnis.

A. Theoretische Grundlagen.

Seite

1. Einführung 1
2. Leiter, Nichtleiter, Halbleiter 1
3. Widerstand und Leitwert 2
4. Temperaturkoeffizient 3
5. Spezifischer Widerstand 3
6. Verlustwiderstand 3
7. Joulesche Wärme 4
8. Wirbelströme 4
9. Hysteresis 5
10. Verlustziffer 7
11. Alterungskoeffizient 7
12. Sprühverluste 7
13. Induktion, Permeabilität, para- und diamagnetische Stoffe ... 9
14. Oberflächenwirkung (Stromverdrängung) 10
15. Das Dielektrikum 13
16. Nachwirkungen in einem Isolator 14
17. Verlustwinkel und Leistungsfaktor eines Kondensators ... 16
18. Durchschlagsspannung, Oberflächenwiderstand, Temperatur, Feuchtigkeitsaufnahme, Lichtbogensicherheit und radioaktive Strahlung 19
19. Flüssige Stoffe 20
20. Flüssigkeitsgrad (Viskosität) 20
21. Brennpunkt 21
22. Flammpunkt 21
23. Stockpunkt (Kältebeständigkeit) 21
24. Spezifisches Gewicht 21
25. Zug-, Druck- und Biegefestigkeit 21
26. Temperaturkoeffizient 22
27. Dehnung und Gütezahl 22
28. Elastizitätsmodul 22
29. Moßsche Härteskala 22

B. Die Isolierstoffe.

1. Kautschuk, Weichgummi, Hartgummi 23
2. Bakelit, Trolit 25
3. Paraffin, Schellack, Wachs 27
4. Die Harze 30
5. Papier, Preßspan, Repelit, Pertinax 31
6. Vulkanfiber 32
7. Flachs, Hanf, Leinen, Baumwolle, Jute; — Seide 32
8. Glimmer und Mikanit 34

Inhaltsverzeichnis.

	Seite
9. Glas und Porzellan	36
10. Galalith, Zelluloid, Zellon	39
11. Marmor, Holz	39
12. Zellonlack	41

C. Elektrizitätsleiter.

1. Eisen	43	9. Kobalt, Antimon, Wismut, Mangan	53
2. Blei	46		
3. Zink	46	10. Chrom, Wolfram, Molybdän, Vanadium	54
4. Zinn	47		
5. Aluminium	47	11. Platin, Osmium, Tantal	54
6. Nickel	49	12. Quecksilber	55
7. Das Kupfer und seine Legierungen	49	13. Silber	56
		14. Gold	56
8. Leicht schmelzbare Legierungen	53		

D. Übrige Stoffe der Radiotechnik.

1. Kristallsysteme; Detektorkristalle	57	8. Schmirgel	62
		9. Leim	62
2. Quarz	60	10. Beizen	63
3. Schwefel	60	11. Einiges über Farben	64
4. Selen	61	12. Präparierte Kathoden	64
5. Kohle	61	13. Wasserstoff Fluor, Argon, Helium	65
6. Graphit	61		
7. Silit	61		

E. Rezepte und Tabellen.

1. Wiederherstellung von altem Hartgummi	66
2. Dünne Dielektrika	66
3. Zelluloidlack	66
4. Ätzen und Bohren von Glas	67
5. Polreagenzpapier	67
6. Reinigen von Detektorkristall	67
7. Etwas vom Löten	67
8. Blanke Metalle	68
9. Schutz des Eisens gegen Rosten	69
10. Über Leimen	70
11. Braune Holzbeize	70
12. Entfernung von Ölfirnis; Verhütung des Werfens von Holz	70

Tabellen:

1. Internationale Atomgewichte	71
2. Chemische Zusammensetzung technisch wichtiger Stoffe	71
3. Dielektrizitätskonstante, Oberflächenwiderstand, Leitfähigkeit und dielektrischer Leitungsfaktor verschiedener Isolierstoffe	72
3a. Hochfrequenzeigenschaften von verschiedenen getrockneten, ungetrockneten, getränkten und ungetränkten Hölzern	74

		Seite

4. Tabelle der effektiven Durchschlagfeldstärke 75
5. Ferro-, para- und diamagnetische Körper 75
6. Angaben über Bleche 75
7. Verlustzahlen für Bleche verschiedener Stärke und verschiedener Induktionen bei 10000 und 100000 Per./Sek. 76
8. Verlustzahlen für Bleche verschiedener Stärke und verschiedener Induktionen bei 50 Per./Sek. 76
9. Leitfähigkeit, Spezifischer Widerstand und Temperaturkoeffizient von Elektrizitätsleitern bei 15° C 76
10. Tabelle der wichtigsten Metallegierungen 77
11. Leitfähigkeit, Spezifischer Widerstand und Temperaturkoeffizient einiger Legierungen bei 15° C 77
12. Wirksamer Widerstand von Kupferdrähten . . . . 78 u. 79
13. Isolationszunahme, Widerstand und Gewicht der Emaille-Kupferdrähte bei 15° C 80
14. Durchmesser und Widerstand umsponnener Kupferdrähte . . . 81
15. Widerstand, Belastungsgrenzen und Gewichte von Kupferleitungen bei 20° C 84
16. Raumfaktor und Außendurchmesser von Emaille-, Seiden- und Baumwolldraht 84
17. Antennenlitze der Süddeutschen Metallindustrie A.-G. . . 82 u. 83
18. Festigkeitszahlen von Metallen und Metallegierungen 82
19. Tabelle zur Umrechnung von englischen Drahtstärken in metrisches Maß . . . . 82 u. 83
20. Löwenherz-Gewinde 85
21. Metrisches Einheitsgewinde 85
22. Withworth-Schraubengewinde 86
23. SI-Schraubengewinde 86
24. Holzgewinde-Schrauben bis 10 mm ϕ 87
25. Elektrolytische Ausscheidung verschiedener Stoffe 87
26. Elektrisches Leitvermögen wässeriger Lösungen bei 18° C . . . 88
27. Tabelle einiger galvanischer Elemente 88
28. Zugfestigkeit von neuen Seilen 88
29. Minerale, welche Wechselströme leiten ohne Gleichrichtung . . 88
30. Minerale, welche ohne angelegte Gleichspannung als Detektor nicht wirken und auch mit Spannung nur schwach 89
31. Minerale, welche Detektorwirkung ergeben und die mit einer Gleichstromhilfsspannung noch verbessert wird 89
32. Minerale, welche Gleichrichtung ergeben, die bedeutend verbessert wird durch Hilfsspannung 89
33. Minerale, welche ohne Hilfsspannung gute Detektorwirkung ergeben 89
34. Rezepttafel verschiedener Kitte 90
35. Radio-Porzellane der Porzellanfabrik H. Grau 90
Literaturverzeichnis 91
Namen- und Sachverzeichnis 92

A. Theoretische Grundlagen.

1. Einführung. Die Technologie der Baumaterialien beschäftigt sich im allgemeinen mit der Beschreibung der Baustoffe, ihrer Herkunft, ihrer Gewinnung, der chemischen Zusammensetzung, der Verarbeitung und Verwendung derselben. Diese Daten genügen, um sich in großen Zügen ein Bild über die Brauchbarkeit eines Stoffes für einen bestimmten Zweck machen zu können. In der Elektrotechnik müssen wir uns jedoch noch näher mit den Materialien beschäftigen um etwas Bestimmtes über sie aussagen zu können. Wir müssen Versuche und Messungen anstellen und deren Ergebnisse in allgemein gültige Formeln kleiden, die uns gestatten, ein eng umrissenes Werturteil zu präzisieren.

2. Leiter, Nichtleiter, Halbleiter. Die von der Naturwissenschaft ausgebildete Atomtheorie ist aus praktischen Erwägungen heraus allgemein angenommen worden. Nach ihr herrscht in der Physik und Chemie die Auffassung, daß die Körper aus kleinsten getrennten Bestandteilen, den Atomen, zusammengesetzt sind. Ebenso stellen wir uns in der modernen Elektrizitätslehre jede Elektrizitätsmenge aus einer kleineren oder größeren Anzahl von „Elementarladungen" oder „Quanten" vor. Es gibt zweierlei Art solcher „Elementarquanten": harzelektrische oder negative und glaselektrische oder positive. Diese stellen also die „Atome" der Elektrizität dar.

Harzelektrizität und Glaselektrizität scheint an und für sich durch nichts verschieden zu sein; es sind lediglich die Wirkungen (Anziehung, Abstoßung), welche man zu unterscheiden hat. Alle Körper besitzen mit ihren Atomen verbunden mehr oder weniger Elektrizität. Ein Atom mit dem ihm ganz besonders eigentümlichen Gehalt an Elektrizität nennt man elektrisch neutral; ein solches mit einem größeren Gehalte elektrisch negativ, mit einem kleineren dagegen elektrisch positiv. Hiernach scheint es also nur eine Art von Elektrizität zu geben[1]). Tatsächlich konnte man bisher, losgelöst von jeder Materie, in den β-Strahlen der radioaktiven Substanzen nur negative Teilchen beobachten. Diese negativen Quanten der Elektrizität nennt man **Elektronen**. Mangel an Elektronen in einem Körper erscheint uns als der positive elektrische Zustand, Überschuß an Elektronen als negativer. Es gibt Körper, bei denen, durch die Natur des Körpers und seiner Temperatur bestimmt, eine Anzahl Elektronen durch eine Art Dissoziationsvorgang (dissoziare = trennen) von den Körperatomen losgelöst sind und sich frei in den von den Atomen und Molekülen, den Verbindungen der Atome, nicht besetzten Zwischenräumen bewegen. **Man bezeichnet Substanzen, in denen Elektronen frei wandern können, als Leiter; Substanzen, in denen die Elektronen mit den Atomen verbunden sind, oder in denen sie sich nur wenig gegen eine mittlere Gleichgewichtslage verschieben können, als Nichtleiter.** Dagegen nennt man solche Körper, welche die erste oder zweite Eigenschaft nur mehr oder weniger besitzen, Halbleiter.

Als Leiter gelten insbesondere die Metalle, jedoch zählt man auch gewisse feste Metalloide wie Kohle, Silizium, Selen, sodann die als „Glanze" und „Kiese" bezeichneten Mineralien zu ihnen.

Die besten Nichtleiter oder Isolatoren sind: Paraffin, Ceresin, Hartgummi und Bernstein.

Holz, Papier, Fischbein u. a. m. betrachtet man als Halbleiter.

3. Widerstand R und Leitwert λ. Zur Definition der Durchlässigkeit eines beliebigen Körpers für den elektrischen Strom vergleicht man ihn mit dem sogenannten internationalen Ohm, einem Quecksilberfaden von 1 mm² Querschnitt, 1063 mm Länge und der Masse 14,45 g bei 0° C. Den reziproken Wert des Widerstandes bezeichnet man als seinen Leitwert, so daß man schreiben kann:

$$\lambda = \frac{1}{R}.$$

---

[1]) **Franklinsche unitarische Hypothese.**

4. Temperatur-Koeffizient α. Der Widerstand der Metalle und Legierungen ändert sich mehr oder weniger mit ihrer Temperatur und es ist, wenn:

R_t der Widerstand bei der Temperatur t,
R_0 „   „   „   „   „   „   0,

α und β Konstanten des Metalls bedeuten,

$$R_t = R_0 (1 + \alpha t + \beta t^2).$$

Meist kann man das zweite Korrektionsglied vernachlässigen und den Widerstand als lineare Funktion der Temperatur ansehen. Die Widerstandsänderung eines Leiters von 1 Ohm Widerstand bei einer Temperaturänderung um 1^0 C heißt der **Temperaturkoeffizient**. Wenn also ein Leiter bei einer bestimmten Temperatur den Widerstand R hat, so hat er bei einer um t Grad höheren Temperatur den Widerstand

$$R_t = R(1 + \alpha t).$$

5. Spezifischer Widerstand ϱ. Es ist bei festen Körpern diejenige Größe, welche ein Stück von 1 m Länge und 1 mm² Querschnitt bei einer bestimmten Temperatur besitzt. Bei flüssigen Körpern mißt man den spezifischen Widerstand an einer Flüssigkeitssäule von 1 cm Länge und 1 cm² Querschnitt. Den spezifischen Widerstand der Isolierstoffe bezieht man auch vielfach auf einen Würfel von 1 cm³.

Das Vorhandensein eines Ohmschen Widerstandes in einem stromdurchflossenen Kreis ist immer an Verluste durch Joulesche Wärme geknüpft. Wirkt ein Leiter induzierend auf benachbarte Metallmassen, so entstehen in ihnen Wirbelstromverluste, zu denen weitere Verluste durch Hysteresis treten. Bildet der Leiter mit einem zweiten die beiden Belege eines Kondensators, so ergeben sich Verluste durch später näher zu erläuternde Nachlade- und Rückstandserscheinungen. Bei hohen Spannungen kommen leicht Glimmlicht- und Sprühverluste hinzu. Letzten Endes entstehen Verluste durch Strahlung.

Um den Einfluß aller dieser Erscheinungen in einem mit Wechselstrom durchflossenen Leiter zu berücksichtigen, denkt man sich seinen Ohmschen Widerstand R ersetzt durch einen

6. Verlustwiderstand R_v, der einen Leistungsverbrauch ergibt, der gleich ist dem gesamten, auf die vorhin genannten

Ursachen zurückgeführten Verbrauch. Dieser errechnet sich alsdann zu:
$$N_v = i^2 \cdot R_v,$$
wo i die effektive Stromstärke bedeutet.

7. Joulesche Wärme W ist das Äquivalent für die Arbeitsleistung, die in einem Leiter entsteht, an welchem die Spannung e liegt und durch welchen zufolge dieser Spannung der Strom i die Zeit t Sekunden lang fließt:
$$W = e \cdot i \cdot t \cdot 0{,}239 \text{ Gramm-Calorien},$$
worin die Zahl 0,239 den empirisch gewonnenen Umrechnungsfaktor zwischen elektrischer und Wärmeenergie bedeutet[1]).

8. Wirbelströme. Wird ein linearer Leiter von magnetischen Kraftlinien Φ geschnitten, so entsteht in ihm nach dem Induktionsgesetz
$$E = -\frac{d\Phi}{dt}$$
eine elektrische Spannung, und bei geschlossener Strombahn ein Strom
$$i = \frac{E}{R}.$$

Aber auch in allseitig ausgedehnten Leitern (Blechen), die sich in einem veränderlichen Felde befinden, werden Ströme, sogenannte Wirbelströme (Foucaultströme) induziert. Diese wirken der Änderung des Flusses entgegen und geben Joulesche Wärme ab, wirken dadurch also schädlich. Erfolgt die Magnetisierung des Leiters durch relative Bewegungen gegen das Kraftlinienfeld, so wird der Verlust durch die mechanischen Kräfte, welche die Bewegung bewirken, geleistet. Die Verluste können also in Wärme oder in mechanischer Form auftreten.

Aus dieser Betrachtung geht hervor, daß das Eisen in Drosselspulen (das Blech beim Aufbau von Transformatoren) nie aus massiven Stücken bestehen darf. Das Eisen ist nicht

---

[1]) Das Joulesche Gesetz bestimmt die in einem Leiter mit dem spezifischen Widerstande ϱ, der Stromdichte j und dem Volumen dv in Wärme umgesetzte Leistung
$$N = \int dv \cdot \varrho \cdot j^2.$$
Pro Sekunde für einen linearen Leiter also $N = R \cdot i^2$ und in t Sekunden die Wärmemenge $W = R \cdot i^2 \cdot t$; und demnach
$$\text{Joule} = R \cdot i^2 \cdot t \cdot 0{,}239 \text{ g-cal.}$$

nur ein magnetischer, sondern auch ein elektrischer Leiter, und es gestattet somit überall das Entstehen von Energie verzehrenden elektrischen Stromkreisen, die sich um die erregenden Kraftlinien schließen, und die um so größer werden, je ausgedehnter das Eisen (Blech) in Richtung der Kraftlinien, der Induktion im Eisen, verläuft. Die Wirbelstromverluste berechnen sich, wenn man einsetzt:

V = Rauminhalt des Eisenkernes in cm³,
$\mathfrak{B}_{max}$ = maximale Kraftlinienzahl für 1 cm² Eisenquerschnitt,
d = Blechstärke in cm,
ν = Frequenz,
ξ = ~ 2,

$$A_W = \xi \cdot \nu^2 \cdot d^2 \cdot V \cdot \mathfrak{B}_{max}^2 \cdot 10^{-14} \text{ Watt.}$$

9. Hysteresis. Bringt man einen zuerst unmagnetischen Eisenstab Fe in ein magnetisches Feld $\mathfrak{H}$ (Abb. 2) und ver-

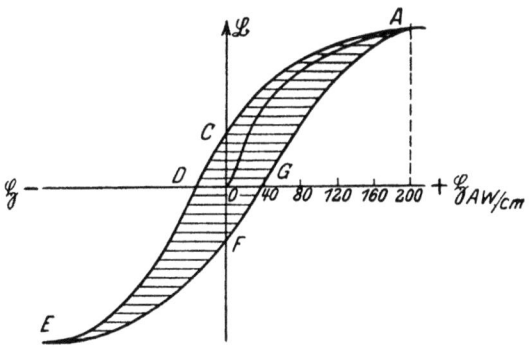

Abb. 1. Jungfräuliche und Hysteresisschleife.

stärkt dieses allmählich bis zu einem Maximalwert von beispielsweise 20 Ampere-Windungen pro Zentimeter, so wächst die magnetische Induktion $\mathfrak{B}$ im Eisen nach Kurve OA (Abb. 1) und man nennt OA die jungfräuliche Schleife der Magnetisierung. Macht man nun das Feld $\mathfrak{H}$ wieder kleiner durch Verringern der Ampere-Windungszahl (AW-Zahl), so nimmt auch die Induktion nach Kurve AC ab, also langsamer, als sie zunahm. Ist die magnetisierende Kraft $\mathfrak{H} = 0$ geworden, so besteht im Eisenstab immer noch ein sogenannter remanenter

Magnetismus $\mathfrak{B} = OC$. Um diesen zurückgebliebenen Magnetismus zum Verschwinden zu bringen, muß man die Polarität des Feldes durch Richtungsänderung des Stromes (mit der Schaltwippe in Abb. 2) umkehren, und man nennt den dafür entsprechenden Wert $\mathfrak{H} = OD$ in Abb. 1 die Koerzitivkraft der Eisensorte. Man kann jetzt weiter auf negative Werte von $\mathfrak{H}$ gehen und erhält so den Kurvenzweig DE und in derselben Weise EF, wenn man den Strom in der Eisenspule wieder abnehmen läßt. Fließt der Strom hierauf wiederum wie zuerst durch die Spule, so ergibt sich jetzt der Kurvenast FGA als letztes Stück der gesamten Hysteresisschleife. Dieselbe wird also erhalten durch die Erzeugung eines umkehrbaren magnetischen Kreisprozesses in einer eisengefüllten Spule.

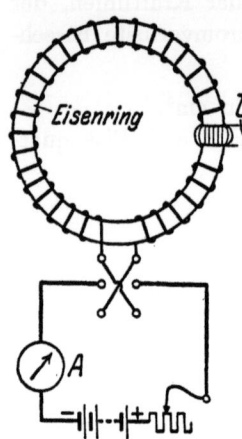

Abb. 2. Magnetisierung einer Eisensorte.

Für Kreisprozesse, bei denen der höchste und der niedrigste Wert von $\mathfrak{B}_{max}$ einander gleich sind, also $\mathfrak{B}_{max} + \mathfrak{B}_{min} = 0$, und bei denen sich der Änderungssinn der Induktion nur bei diesen beiden Werten umkehrt, hat Steinmetz die Formel aufgestellt:

$$\text{Hysteresis } A_h = \eta \cdot \nu \cdot V \cdot \mathfrak{B}_{max}^{1,6} \cdot 10^{-7} \text{ Watt},$$

worin $\eta = 0,001$ bis $0,025$, Eisenblech bester Qualität $\eta = 0,0015$. Für dünne Bleche hat η meist einen höheren Wert als für dicke. In obiger Formel bedeutet wie im vorigen Abschnitt

ν = Frequenz,
V = Rauminhalt des Eisenkernes in cm³,
$\mathfrak{B}_{max}$ = maximale Kraftlinienzahl für 1 cm² Eisenquerschnitt.

Die Luft besitzt keine Hysteresis. Stahl und hartes Eisen erfordern mehr Ummagnetisierungswärme (Hysteresiswärme) als weiches Eisen. Die von der Hysteresisschleife umschriebene Fläche stellt einen Maßstab dar für die bei einer bestimmten Eisensorte aufgewandte Ummagnetisierungswärme. Eine möglichst kleine Hysteresisfläche ist also für die zu verwendenden Eisensorten von Vorteil. Im übrigen beurteilt man Eisen nicht allein nach den Wirbelstrom- und Hysteresisverlusten, sondern ganz allgemein nach der

10. Verlustziffer. Dieses ist nach dem Verein deutscher Elektrotechniker (V. D. E.) die Zahl für die gesamte Magnetisierungswärme, ausgedrückt in Watt pro Kilogramm, bezogen auf rein sinusförmigen Verlauf der induzierten Spannung, bei den Maximalwerten der magnetischen Induktion $\mathfrak{B}_{max} = 10000$ oder 15000 c.g.s.-Einheiten (Zentimeter-Gramm-Sekunden-Einheiten), gemessen mit einer bestimmten Frequenz ν an einer 10 kg-Eisenprobe bei 20° C. Unter

11. Alterungskoeffizient soll die prozentuale Änderung der Verlustziffer für $\mathfrak{B}_{max} = 10000$ c.g.s.-Einheiten nach 600 Stunden erstmaliger Erwärmung auf 100° C verstanden werden.

Die gesamten Eisenverluste bestehen, wie erläutert, aus Wirbelstrom- und Hysteresisverlusten. Zur Messung derselben wird die Eisenprobe zu einem magnetischen Kreise geschlossen und durch herumgelegte Windungen mittels Wechselstrom erregt. Hierbei mißt man die gesamtaufzuwendende Energie mittels Wattmeter. Nach Abzug der Kupferverluste in den Leitern verbleiben die Eisenverluste in Watt. Dividiert man noch durch die Anzahl der Kilogramm untersuchten Eisens, so hat man die Verluste in Watt pro Kilogramm.

Für die Beurteilung von Blechsorten ist also die Kenntnis ihrer Verlustziffer maßgebend. Trotzdem geht man bei der Berechnung der Eisenverluste nicht direkt von dieser aus, sondern nimmt ein Mehrfaches der Verlustziffer an. Dieses ist darauf zurückzuführen, daß durch ungenügende Isolation zwischen den Eisen- bzw. Blechpaketen, Gratbildung am Rand dieser, sodann durch ungenaue Bearbeitung in der Werkstatt ein Vielfaches der Eisenverluste erreicht wird.

12. Sprühverluste. In Abb. 3 sind die Kapazitäten C_1 und C_2 durch einen Draht verbunden. Ihre Gesamtkapazität gegen Erde ist somit $C_1 + C_2$. Die Ladung Q erzeugt das Potential

$$V = \frac{Q}{C_1 + C_2}$$

und die Elektrizitätsmengen $Q_1 + Q_2 = Q$ verteilen sich so, daß

$$V = \frac{Q_1}{C_1} \quad \text{und} \quad V = \frac{Q_2}{C_2} \quad \text{ist,}$$

Es folgt hieraus:
$$Q_1 = \frac{C_1}{C_1 + C_2} \cdot Q; \quad Q_2 = \frac{C_2}{C_1 + C_2} \cdot Q$$
und
$$Q_1 : Q_2 = C_1 : C_2.$$

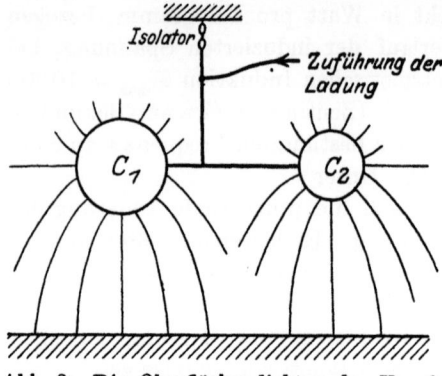

Abb. 3. Die Oberflächendichten der Kugeln verhalten sich umgekehrt wie ihre Radien.

Wenn die beiden Leiter Kugeln bilden, dann ist die elektrische Oberflächendichte σ, d. h. die Elektrizitätsmenge pro Flächeneinheit, leicht zu berechnen. Da die Oberfläche einer Kugel $= 4 \cdot \pi \cdot r^2$, wenn r den Radius der Kugel bedeutet, so ist nun

$$\sigma = \frac{Q}{4 \cdot \pi \cdot r^2}.$$

Die Kapazität einer Kugel ist gleich ihrem Radius, also $C_1 = r_1$ und $C_2 = r_2$ und daher kann man jetzt schreiben

$$Q_1 = Q \cdot \frac{r_1}{r_1 + r_2} \quad \text{und} \quad Q_2 = Q \cdot \frac{r_2}{r_1 + r_2};$$

hieraus ergibt sich:

$$\sigma_1 = \frac{Q}{4\pi r_1^2} \cdot \frac{r_1}{r_1 + r_2} = \frac{1}{r_1} \cdot \frac{Q}{4\pi(r_1 + r_2)},$$

$$\sigma_2 = \frac{Q}{4\pi r_2^2} \cdot \frac{r_2}{r_1 + r_2} = \frac{1}{r_2} \cdot \frac{Q}{4\pi(r_1 + r_2)},$$

d. h.:
$$\frac{\sigma_1}{\sigma_2} = \frac{\dfrac{1}{r_1}}{\dfrac{1}{r_2}}.$$

Die Oberflächendichten zweier elektrisch geladener Kugeln, die leitend miteinander verbunden sind, verhalten sich also umgekehrt wie die Radien der Kugeln. Bei sehr kleinem Radius der einen Kugel kann ihre Oberflächendichte sehr groß werden.

Hierauf beruht die **Spitzenwirkung**, d. h. die Neigung der Elektrizität an Spitzen, scharfen Kanten usw., die man als sehr kleine Kugeln ansehen kann, leicht auszuströmen. Die elektrische Kraft senkrecht zur Leitoberfläche ist an jedem beliebigen Punkte eines Leiters der Oberflächendichte dieses Punktes proportional, d. h. an den Stellen der Oberfläche am größten, wo der Krümmungsradius am kleinsten ist. Wird der Krümmungsradius $= 0$, d. h. der Körper hat an der Stelle eine Spitze, so muß die elektrische Kraft einen unendlich hohen Wert annehmen. Dieser Kraft folgt die Elektrizität und strömt deshalb an Spitzen aus. Die hohe Oberflächendichte beispielsweise an den scharfen Ecken und Kanten eines Drehkondensators, einer Spule oder sonstigen Schaltelementen erklärt sich ebenso dadurch, daß man die Ecken und Kanten als Stellen mit kleinem Krümmungsradius ansehen kann. Die Spitzenwirkung kommt in Radioempfangsanlagen weniger zur Geltung; um so mehr hat man diese Erscheinung in Sendekreisen zu beachten, da man hier für gewöhnlich mit höheren Spannungen arbeitet.

13. Induktion, Permeabilität; para- und diamagnetische Stoffe. Bringt man in ein magnetisches Feld $\mathfrak{H}$ (Abb. 2) ein Stück Eisen *Fe*, so ändert sich dieses Feld nach Größe und Richtung. In dem Eisen hat sich nämlich ebenfalls ein magnetischer Zustand ausgebreitet. Wenn man den Eisenring aufschneidet, dann findet man in dem feinen Luftspalt l ein μ-mal stärkeres Feld vor, und zwar ist es um so größer, je schmaler der Luftspalt ist. Man muß also hiernach dem Inneren des Eisens ein Feld $\mathfrak{B}$ zuschreiben, welches bei unendlich kleinem l den Grenzwert $\mu \cdot \mathfrak{H}$ besitzt, und man nennt $\mathfrak{B}$ die **magnetische Induktion**, μ die **Permeabilität** und kann schreiben

$$\text{Induktion im Eisen } \mathfrak{B} = \mu \cdot \mathfrak{H}.$$

Die Permeabilität des Elektromagnetismus' ist identisch der Dielektrizitätskonstanten $\varkappa$ in der Elektrostatik. Ist μ größer als 1, so heißt der Körper **paramagnetisch**, ist μ kleiner als 1, so heißt der Körper **diamagnetisch**. Ein paramagnetischer Körper saugt demnach die magnetischen Kraftlinien durch sich hindurch, ein diamagnetischer Körper stößt die Kraftlinien ab. Für viele Materialien ist μ eine Konstante, dagegen ist in den sogenannten ferromagnetischen Körpern, wie Eisen, Stahl, Kobalt, Nickel und einigen Legierungen, μ keine Konstante (siehe Tabellen, Tafel 5). Die magnetische Induktion $\mathfrak{B}$ ist hier eine nichtlineare Funktion der Feldstärke $\mathfrak{H}$. In Abb. 4 ist eine Kurve der magnetischen Induktion $\mathfrak{B}$ für Eisenblech in Abhängigkeit von der Feldstärke $\mathfrak{H}$ (in Amperewindungen pro cm), und gleichzeitig $\mathfrak{B}$ in Abhängigkeit von der Permeabilität μ aufgetragen.

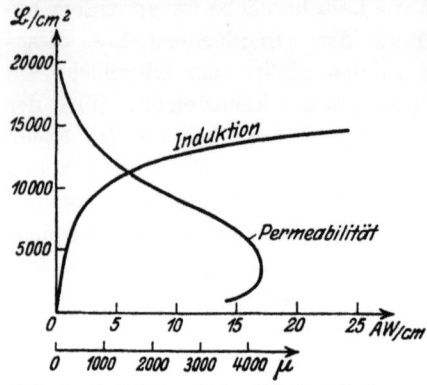

Abb. 4. Induktion $\mathfrak{B}$ in Abhängigkeit von Feldstärke und Permeabilität.

14. Oberflächenwirkung (Stromverdrängung). Um einen stromdurchflossenen Leiter entstehen konzentrische magnetische Kraftlinien, welche man leicht mit einer Magnetnadel nachweisen kann. Diese Kraftlinien setzen sich auch nach dem Mittelpunkt des Leiterquerschnittes fort, Abb. 5. Wechselt das Feld mit der Periode eines den Leiter durchfließenden Hochfrequenzstromes J, so tritt folgendes ein: Da die magnetische Feldstärke von der Mitte des Leiterquerschnittes nach der Oberfläche hin abnimmt, so muß auch die EMG (Elektromotorische Gegenkraft)

$$E_s = -\frac{d\Phi}{dt},$$

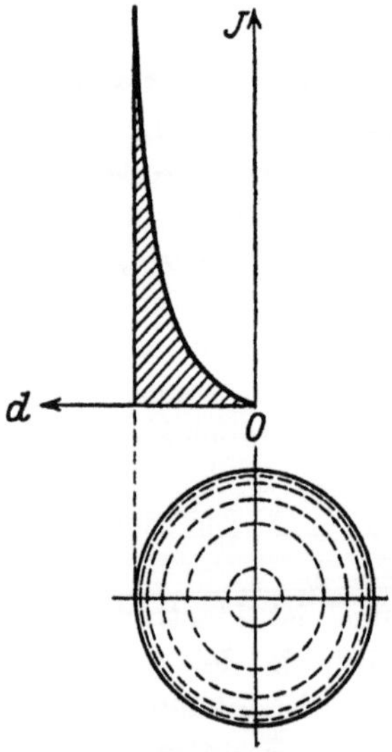

Abb. 5. Hautwirkung bei einem Massivdraht.

welche der EMK (Elektromotorische Kraft) und damit dem Fließen des Stromes J entgegenwirkt, vom Innern des Leiters nach außen hin abnehmen. Das ist aber gleichbedeutend mit einer Abnahme des Wechselstromwiderstandes R_W nach der Oberfläche des Leiters hin. Da ein Strom immer den Weg über den kleinsten Widerstand nimmt, so ist es klar, daß in diesem Falle der Strom nach der Oberfläche des Leiters abgedrängt wird, d. h. die Stromdichte wird in der Nähe der Oberfläche wesentlich größer als nahe bei der Leiterachse. Während bei Gleichstrom der ganze Querschnitt eines

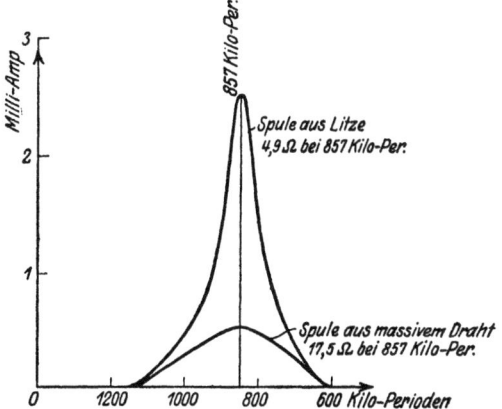

Abb. 6. Resonanzkurve eines Schwingungskreises. Die Energieamplitude ist bei der hier gebrauchten Litze beträchtlich größer als bei Massivdraht.

Leiters an der Stromführung teilnimmt, kommt für Wechselströme, insbesondere aber für Hochfrequenzströme, nur ein Teil des gesamten Querschnittes in Betracht. Das ist, wie gesagt, gleichbedeutend mit einer Widerstandszunahme des Leitermaterials bei Hochfrequenz (Abb. 6 und 7). Neben dieser mit der Leitfähigkeit, dem Querschnitt, der Permeabilität und der Frequenz stark wachsenden Zunahme geht noch eine Phasenverschiebung der Ströme in den verschiedenen Tiefen einher, und zwar bleiben die Ströme nach

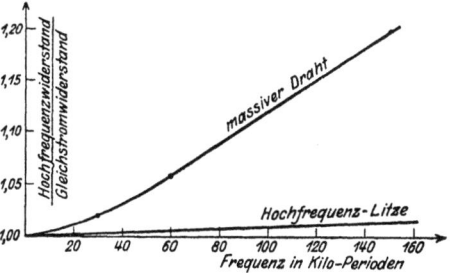

Abb. 7. Die Kurven zeigen Widerstandswerte bei Litze und querschnittsgleichem Massivdraht (Radio-News 1924).

der Mitte des Leiters hin gegenüber dem Oberflächenstrome in der Phase mehr und mehr zurück. Hierin liegt auch der Grund, warum man für große Hochfrequenzleistungen so schwer Leistungsmesser bauen kann. — Zur Fortleitung von Hochfrequenzströmen benutzt man vielfach Hochfrequenz-Kupferlitzen. Diese bestehen aus einer Anzahl einzeln isolierter Kupferdrähte, die zusammen zu einer Litze verflochten sind. Da die Hochfrequenzströme die Einzeldraht-Oberflächen als Weg benutzen, so sollte man annehmen müssen, daß eine solche Litze in allen Fällen besser die Hochfrequenzströme leiten würde, als ein querschnittsgleicher Massivdraht (Abb. 6 und 7); oder, was dasselbe bedeutet: Bei gleichen Kupferquerschnitten müßte die Hochfrequenzlitze einen geringeren Widerstand für Hochfrequenzströme ergeben als ein querschnittsgleicher Massivdraht. Nach Untersuchungen im Technisch-Physikalischen Institut der Universität Jena kann bei sehr hohen Frequenzen, bzw. kleinen Wellenlängen (Rundfunkbereich und darunter), die Litze einen höheren Widerstand haben als der querschnittsgleiche Massivdraht. W. Rogowski hat für eine Spule diejenige Wellenlänge λ_w in Metern, von der ab die Litze mehr Widerstand als der querschnittsgleiche Massivdraht hat, berechnet nach der Formel:

$$\lambda_w = 2{,}2 \cdot 10^4 \cdot d^2 \cdot \varkappa \cdot \sqrt[3]{Z} \cdot s,$$

worin bedeutet:

d Durchmesser des Einzeldrahtes in cm,
$\varkappa$ spezifische Leitfähigkeit (für Kupfer ~ 60),
Z die Drahtzahl der Litze,

$s = \sqrt{\dfrac{\pi}{4} \cdot \dfrac{d \cdot \sqrt{Z}}{g}}$; worin g die Ganghöhe der Spulenwicklung in cm ist.

Für grad ausgespannte Litzen ändert sich die Formel um in:

$$\lambda_w = 1{,}2 \cdot 10^4 \cdot d^2 \cdot \varkappa \cdot \sqrt[3]{Z \cdot \varepsilon^2},$$

ε ist hierin der Raumfaktor der Litze, d. h. das Verhältnis des gesamten Kupferquerschnittes zum Flächenquerschnitt.

Die Wellenlängen λ_w sind hier ungefähr halb so groß wie für die Spulen. (S. Arch. Elektrot. Bd. VIII 1919.)

Genau so wie bei einem hochfrequenzdurchflossenen Stromleiter die Stromfäden mehr und mehr nach außen gedrängt werden, so dringt auch die Magnetisierung eines Eisenstückes bei höheren Wechselzahlen nur bis zu geringen Tiefen unter die Oberfläche vor. Die magnetische Induktion und die scheinbare magnetische Leitfähigkeit müssen daher bei gleicher AW-Zahl mit zunehmender Wechselzahl abnehmen. Hinzu kommt noch eine ungünstige Beeinflussung auf die Höhe der Eisenverluste in solchen magnetischen Kreisen. Als Maß für die Größe der magnetischen Hautwirkung dient hier der Quotient $\tau = \dfrac{B_{max}}{B_{0\,max}}$, worin sich B_{max} bei hoher Periodenzahl und einer bestimmten AW-Zahl ergab, $B_{0\,max}$ bei derselben AW-Zahl und so kleiner Frequenz, daß eine Hautwirkung nicht mehr zu erwarten war.

15. Das Dielektrikum. Jeder Körper besitzt Elektronen, das sind kleinste Teilchen der Elektrizität. In den Leitern ist eine große Anzahl dieser frei in Bewegung, in den Nichtleitern, Dielektricis oder Zwischenmittel genannt, sind sie in gesetzmäßiger Weise an die Substanz gebunden. Ein Kondensator, Elektrizitätssammler, besteht aus zwei Leitern, Metallplatten, welche durch ein Zwischenmittel, einen Nichtleiter (Hartgummi, Glimmer, Luft oder dergleichen) getrennt sind. Legt man an die beiden Belege eines Kondensators eine Spannung E (Abb. 8), so breitet sich in dem Dielektrikum ein elektrisches Feld $\mathfrak{E}$ in Volt/cm

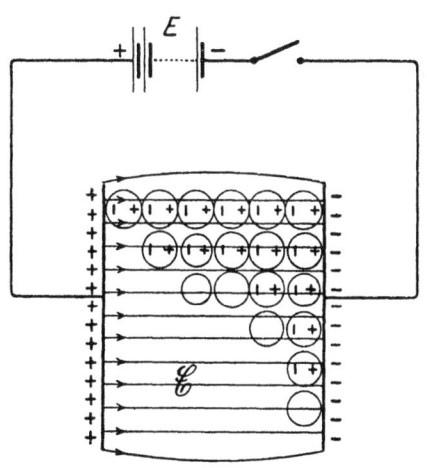

Abb. 8. Polarisation eines Dielektrikums.

aus, welches eine Polarisation des Zwischenmittels hervorruft. Hierunter versteht man die Ausbildung eines positiven und negativen Poles an jedem Atom des Dielektrikums unter der Einwirkung der Feldstärke. Die Elektronen, welche hierbei mitwirken, nennt man die Polarisationselektronen; sie werden durch Einwirkung der Feldkräfte von der + geladenen Platte angezogen, von der negativen abgestoßen. Jedoch durch die Kräfte, welche die Elektronen an ihre Substanz kettet, werden sie wieder in die Gleichgewichtslage zurückgezogen. Es besteht

Gleichgewicht, wenn die durch die äußere Ursache (angelegte Spannung bzw. Feld $\mathfrak{E}$) entstandenen Kräfte gerade kompensiert werden durch den Zug, welcher durch die Verschiebung der Elektronen (Abweichung aus ihrer Bahn) gegen die Körperatome entstanden ist. — Hierzu gibt es eine Analogie in der Mechanik. Bei der mechanischen Formänderung ist zur Überwindung der elastischen Kräfte Arbeit aufzuwenden. Ebenso ist Energie nötig, um ein isolierendes Zwischenmittel in dielektrische Polarisation zu versetzen. Und als Umkehrung hierzu gilt das Folgende: Wie die Formänderungsarbeit bei einem vollkommen elastischen Körper nach Aufhören einer Deformation wiedergewonnen wird, so kann auch die Polarisationsarbeit eines idealen Dielektrikums nach Aufhören der das Dielektrikum spannenden Kräfte wiedergewonnen werden.

In der Molekulartheorie setzt man nach Maxwell die oben besprochene dielektrische Verschiebung ϑ der Dielektrizitätskonstanten $\varkappa$ des Zwischenmittels und der die Verschiebung bedingenden Feldkraft $\mathfrak{E}$ proportional, und wenn man sie in Coulomb/cm² messen will, so kann man schreiben:

$$\vartheta = \frac{\varkappa \cdot \mathfrak{E}}{4 \cdot \pi} \cdot \frac{1}{9 \cdot 10^{11}} = \frac{\varkappa \cdot \mathfrak{E}}{\gamma}$$

$\varkappa$ ist hierin die Dielektrizitätskonstante des Zwischenmittels ($\varkappa \cong 1$ für Luft), $\dfrac{1}{\gamma} = \dfrac{1}{4 \cdot \pi \cdot 9 \cdot 10^{11}}$ ein Faktor, der sich durch die Wahl des Maßsystems ergibt. Die Dielektrizitätskonstante $\varkappa$ gibt also an, um wieviel stärker die dielektrische Verschiebung ϑ in einem Körper ist als in Luft, die der gleichen elektrischen Feldstärke $\mathfrak{E}$ ausgesetzt ist.

16. Nachwirkungen in einem Isolator. Ebensowenig wie es keine vollkommen elastischen Körper gibt, gibt es auch keine idealen Nichtleiter. Der Aufbau der Materie ist sehr kompliziert, und die Formänderungsarbeit in einem mechanischen System wird ebensowenig wieder gänzlich gewonnen, wie die Polarisationsarbeit im Dielektrikum. Die Zeit spielt hier insofern eine Rolle, als die Stoffe den anfänglichen Zustand nach Aufhören der deformierenden Kraft wieder nach und nach zu erreichen suchen. Diese Nachwirkungen im Isolator kann man leicht an einer Batterie Leydener Flaschen feststellen.

Lädt man die Batterie mit einer Influenzmaschine auf hohe Spannung und bringt hierauf die beiden Pole derselben durch einen isoliert gehaltenen Drahtbügel zum Ausgleich, so springt ein klatschender, elektrischer Funke über, durch den sich die Elektrizitäten der beiden Belege ausgleichen. Nimmt man jetzt den Bügel fort und wartet einige Zeit, dann bemerkt man nach erneutem Anlegen des Drahtes einen zweiten Funkenübergang. Die zurückgebliebene Elektrizität im Dielektrikum gleicht sich, wenn auch mit verringerter Kraft, zum zweiten Male aus. Man könnte sie wahrscheinlich noch ein drittes und viertes Mal zum Ausgleich bringen, würde man den Versuch wiederholen. Der Grund für diese Rückstandserscheinung beruht darauf, daß die Polarisationselektronen durch hohe Polarisation des Zwischenmittels, sehr weit von ihrer Gleichgewichtslage entfernt, und unter Umständen aus ihrem molekularen Verbande losgelöst, zu Leitungselektronen werden. Im besonderen können diese Leitungselektronen zahlreich werden, wenn das Dielektrikum aus einem inhomogenen Stoff besteht. Verschiedene Stoffe üben verschiedene Anziehung auf ihre Elektrizitätsteilchen aus, und es kann deshalb an der Berührungsfläche zweier Stoffe, also auch in einem ungleichförmigen Nichtleiter, das Loslösen der Elektronen zu Leitungselektrizität durch diese Verschiedenheit der Anziehung sehr unterstützt werden. Besonders bemerkbar werden die Rückstandserscheinungen, wenn sich in dem Dielektrikum leitende Schichten befinden. Diese werden beim Anlegen einer Spannung an die beiden Belege des Nichtleiters (Kondensators) elektrisch aufgeladen. Nach Wiederwegnahme der Spannung sucht sich nun die Spannung der Leiterschicht im Dielektrikum, ihrerseits wiederum über den Isolierstoff auszugleichen.

Das Gegenstück zum Rückstand ist die Nachladung. Es ist dieses die umgekehrte Erscheinung wie beim Entladen eines Kondensators. Beim Anlegen einer Spannung an die beiden Belege einer Kapazität fließt ein Teil der Ladung in das Innere des Dielektrikums hinein. Rückstand und Nachladung sind spezifische Eigenschaften inhomogener Dielektrika.

Die Messung einer Kapazität wird also nach der Formel $C = \dfrac{Q}{V}$ im Anfangs- oder Endzustand der Auflading Q verschieden ausfallen. Man hat in diesem Falle den Ruhezustand abzuwarten (3 bis 8 Minuten).

Nach Vorigem sind vollkommen gleichförmige Isolierstoffe am günstigsten. Verschiedene Stoffe in einem Dielektrikum sind zu vermeiden. Aus diesem Grunde ist auch das Aufkleben der Stanniolbelege mit Schellack für einen Kondensator nicht so günstig zu bewerten, als z. B. ein kathodisch erhaltener Metallniederschlag. Die Änderung der Nachladung in der Zeiteinheit ergibt den Nachladungsstrom. Die dielektrischen Nachladungs- und Rückstandserscheinungen haben Energieverluste zur Folge, die besonders bemerkbar werden, wenn man den Nichtleiter einem Wechsel- oder sogar Hochfrequenzfelde aussetzt.

17. Verlustwinkel und Leistungsfaktor eines Kondensators. Erzeugt man im Dielektrikum eines Kondensators ein Wechselfeld $\mathfrak{E}$, so ist nach der Gleichung

$$i_L = \lambda \cdot \mathfrak{E}$$

die elektrische Leitungsströmung ebenfalls veränderlich. Ebenso ist jetzt die dielektrische Verschiebung (siehe S. 14)

$$\vartheta = \frac{\varkappa}{\gamma} \cdot \mathfrak{E}$$

mit $\mathfrak{E}$ veränderlich. Da wir ϑ in Coulomb/cm² messen, so ist für die Flächeneinheit $\vartheta = Q$; sie ist gleich der Ladung des Kondensators pro cm². Die Änderung dieser Ladung in der Zeit dt, also

$$\frac{d\vartheta}{dt} = i_{C_1} = \frac{i \cdot \omega \cdot \varkappa}{\gamma} \cdot \mathfrak{E}$$

ist nach Maxwell gleich der Verschiebungsströmung im Innern des einem elektrischen Wechselfelde ausgesetzten Dielektrikums[1]. Man hat also zwei Ströme zu unterscheiden: Leitungsstrom i_L und Verschiebungsstrom i_{C_1}. Man kann sich die Verhältnisse besser klar machen in einem sogenannten Strahlen- oder Vektordiagramm. Der Strahl $\mathfrak{E}$ in Abb. 9 stelle ein Maß für die

---

[1] Es sei $\mathfrak{E} = \mathfrak{E}_0 \cdot e^{i\omega t}$, worin $\omega = 2\pi \cdot \nu$ die Kreisfrequenz und $i = \sqrt{-1}$ sei. Dann ist der Ladestrom i_{C_1} für $Q = \vartheta$:

$$i_{C_1} = \frac{d\vartheta}{dt} = \frac{\varkappa}{\gamma} \cdot \frac{d\mathfrak{E}}{dt} = \frac{\varkappa}{\gamma} \cdot i \cdot \omega \cdot \mathfrak{E}.$$

effektive Größe des Wechselfeldes im Kondensator dar. Da der Leitungsstrom i_L von dem Ohmschen Widerstand des Nichtleiters herrührt, so muß er mit $\mathfrak{E}$ in Phase liegen; er ist nach der Formel $i_L = \lambda \cdot \mathfrak{E}$ unabhängig von der Frequenz. Der Strom i_{C_1} ist ein rein kapazitiver Ladestrom und fließt daher der Spannung $\mathfrak{E}$ um 90^0 voraus, er ist proportional der Frequenz $\omega = 2\pi\nu$ (siehe auch Bd. 2 S. 62 dieser Bibliothek). Die genannte Strömung im Kondensator ergibt sich aus der geometrischen (vektoriellen) Zusammensetzung von i_{C_1} und i_L zu

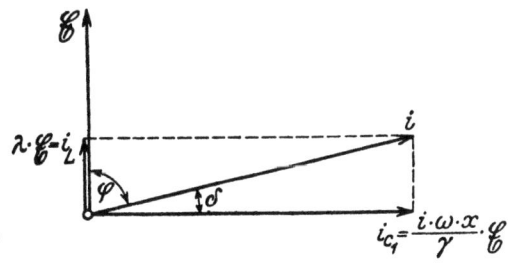

Abb. 9. Vereinfachtes Diagramm zur Darstellung des Verlustwinkels δ.

$$i = [i_{C_1} + i_L].$$

Den Winkel δ in Abb. 9 bezeichnet man als den **Verlustwinkel** des Kondensators, den Wert von $\cos\varphi$ als seinen **Leistungsfaktor**.

Die Güte eines Kondensators beurteilt man u. a. nach der Größe seines Verlustwinkels. Dieser soll möglichst klein sein, da dann die Verlustleistung des Kondensators $E \cdot i \cdot \cos(90^0 - \delta)$ ebenfalls klein bleibt. Durch das Eindringen von Ladungen in das Innere des Nichtleiters ergeben sich in derselben Weise wie bei Gleichstrom auch hier bei Wechselstrom Nachlade- und Rückstandserscheinungen, welche den Betrag des rein kapazitiven i_{C_1} um den Betrag i_{C_2} vergrößern. Da diese Ladeströme einen Teil des Isolationswiderstandes überwinden müssen, entsteht noch der sogenannte **dielektrische Verluststrom** i_V. Er liegt in Phase mit der Spannung E am Kondensator (Abb. 10). Die elektrische Leitungs-

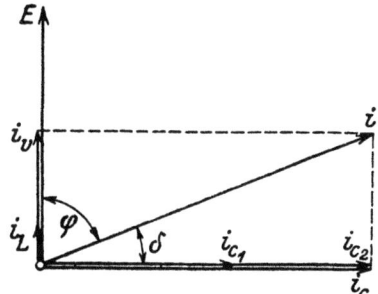

Abb. 10. Verlustwinkeldiagramm eines Kondensators.

strömung i_L ist bei guten Isolatoren vernachlässigbar klein. Unter diesen Umständen ist dann der dielektrische Leistungsverlust

$$N = E \cdot i_V = E^2 \cdot \frac{1}{R} = E^2 \cdot \mathfrak{G};$$

$$i_V = \frac{E}{R} = E \cdot \mathfrak{G},$$

wenn R bzw. $\mathfrak{G}$ den diesen Verlust entsprechenden Widerstand bzw. Leitwert bedeuten.

Der kapazitive Widerstand bei Wechselstrom ist

$$R_W = \frac{1}{\omega \cdot C}$$

wenn

C = Kapazität,
$\omega = 2\pi\nu$ die Kreisfrequenz.

Es ist daher der absolute Betrag

$$i_c = \frac{E}{R_W} = E \cdot \omega \cdot C,$$

$$\cos \varphi = \sin \delta \cong \tang \delta = \frac{i_V}{i_c} = \frac{\mathfrak{G}}{\omega \cdot C}$$

und daher die Verlustleistung

$$N = \frac{E^2}{R} = E^2 \cdot \mathfrak{G} = E^2 \cdot \omega \cdot C \tang \delta.$$

Der dielektrische Verlust wächst also mit dem Quadrat der Spannung.

Wenn man sich nochmals die elektrischen Vorgänge im Dielektrikum zusammenfassend vor Augen führen will, so sieht man folgendes:

a) Beim Anlegen einer Gleichspannung an den Kondensator fließt durch den Isolierstoff

α) ein Ausgleichstromstoß im Augenblick des Anlegens der Gleichspannung,

β) ein allmählich abklingender Nachwirkungsstrom,

γ) ein dauernder Leitungsstrom zum Teil durch des Innere, zum Teil über der Oberfläche.

b) Beim Anlegen einer Wechselspannung an den Kondensator fließt durch den Isolierstoff

α) der Wirk- oder Verluststrom,

β) der Blind- oder Kapazitätsstrom.

18. Durchschlagsspannung, Oberflächenwiderstand, Temperatur, Feuchtigkeitsaufnahme, Lichtbogensicherheit und radioaktive Strahlung. Wenn man die Spannung an den beiden Belegen eines Kondensators immer mehr steigert, so wird das Zwischenmittel schließlich durch einen klatschenden Überschlagsfunken zerstört. Die Durchschlagsspannung hängt unter anderem von der Geschwindigkeit der Spannungssteigerung ab. Man richtet die Prüfung so ein, daß der Durchschlag eine Minute nach Anlegen der Spannung eintritt. Die Durchschlagsspannung wird in Volt/mm oder in Volt/cm Elektrodenabstand gemessen.

Hält man auf die ebene Oberfläche eines Isolators, z. B. einer Hartgummiplatte, die beiden Pole einer Spannungsquelle, so entsteht ein Strom, der sich aus zwei Teilen zusammensetzt, von denen der eine durch den Isolierstoff fließt, während der zweite auf seiner Oberfläche verläuft. Den beiden Stromwerten müssen zwei Widerstände entsprechen: Durchgangswiderstand W_D und Oberflächenwiderstand W_O. Es hängt ganz von den jeweiligen Umständen ab, welcher Teil überwiegt. Bei einer in Schellack getränkten Holzplatte würde W_O groß, W_D dagegen nur klein sein. Mißt man den Oberflächenwiderstand einmal mit Gleichstrom, das andere Mal mit Wechselstrom, so findet man, daß sich bei Wechselstrom viel kleinere Werte ergeben. Dieses ist darauf zurückzuführen, daß der Gleichstrom nur nach einer Richtung hin eine zusammenhängende Strombahn sucht, der Wechselstrom dagegen auch über kleine Unterbrechungsstellen als kapazitiver Strom einen Weg findet.

Die Berücksichtigung der Temperatur bei der Angabe von Meßergebnissen ist für die Beurteilung von Isolierstoffen äußerst wichtig. Der Verlustwinkel tg δ ändert sich unter anderem nicht allein, wie früher abgeleitet, mit dem Quadrat der Spannung, sondern auch und zwar zuweilen ganz unregelmäßig, mit der Temperatur. Man hat hier eine Gesetzmäßigkeit gefunden zwischen Temperatur, Verlustwinkel und Frequenz, die besagt: In einem Temperaturgebiet, in welchem tg δ mit steigender Temperatur ab- bzw. zunimmt, wächst bzw. sinkt tg δ mit steigender Frequenz. Im übrigen ist bekannt, daß die Leitfähigkeit eines Isolators mit zunehmender Temperatur stark ansteigt. Die Fähigkeit der Isolierstoffe, mehr oder weniger Feuchtigkeit aufzunehmen, ist bei der Wahl derselben für bestimmte Zwecke wohl zu beachten. Körper, welche einmal mit Feuchtigkeit durchsetzt wurden, geben diese wegen der Kapillarwirkung nur schlecht ab. Der spezifische Widerstand dieser nimmt mit zunehmender Feuchtigkeitsaufnahme stark ab; er ist bei solchen Substanzen auch noch stark abhängig von der Höhe der Spannung, welche bei der Messung verwandt wurde, und zwar sinkt der Widerstand bei zehnfacher Spannung nahezu auf den dritten Teil (so z. B. Silitstäbe).

Dielektrika, welche ihren hohen elektrischen Widerstand beibehalten, nachdem sie vom elektrischen Lichtbogen getroffen wurden, nennt man lichtbogensicher. Hartgummi ist beispielsweise nicht als lichtbogensicher anzusehen.

Der Einfluß des Sonnenstrahles und überhaupt die Beeinflussung durch radioaktive Stoffe kann den Isoliermaterialien sehr schädlich werden. Hartgummi, welches längere Zeit der direkten Sonnenbestrahlung ausgesetzt wird, büßt seinen Oberflächenwiderstand sehr stark ein. Es bilden sich schwefelsaure Salze, welche im Verein mit der Luftfeuchtigkeit elektrizitätleitende Schichten ergeben. Wäscht man das Material mit verdünnter Ammoniaklösung ab und reinigt dann mehrmals mit destilliertem Wasser nach, so wird der frühere Widerstand wieder vollkommen erhalten.

19. Flüssige Stoffe. Die Stromleitung in isolierenden Flüssigkeiten ist auf elektrolytische Wirkungen zurückzuführen. Man nimmt an, daß die Flüssigkeiten durch Licht oder sonstige Strahlquellen ionisiert werden, das heißt, daß eine bestimmte Zahl von Molekülen in Ionen (Elektrizitätsträgern) gespalten wird. Im übrigen können letztere auch von irgendwelchen Beimengungen herrühren, die in geringerer Menge in der Flüssigkeit vorhanden waren. Für die Beurteilung der flüssigen Isolierstoffe dienen noch die Begriffserklärungen unter 20 bis 24.

20. Flüssigkeitsgrad (Viskosität). Die Viskosität bezeichnet die Zeit, in der eine bestimmte Flüssigkeitsmenge durch ein dünnes Röhrchen, dessen Abmessungen festgelegt sind, hindurchläuft, wobei die Durchflußzeit für Wasser von 20^0 C gleich 1 gesetzt ist. Mit steigender Temperatur nimmt die Viskosität im allgemeinen merklich ab, und liegt bei hohen Temperaturen nahe dem Werte 1. In Deutschland erfolgt die Bestimmung der Viskosität in Engler-Grad mit dem Engler-Viskosimeter. Ein neues Viskosimeter von Holde gestattet schnelleres Arbeiten bei einer kleineren Flüssigkeitsmenge.

21. Der Brennpunkt. Man bezeichnet diejenige Temperatur als Brennpunkt, bei der die Menge der ausgeschiedenen Gase so groß wird, daß sich auf der Oberfläche der Flüssigkeit bei Annäherung eines Zündflämmchens eine dauernde Flamme zeigt, während beim Flammpunkt nur ein Hinüberhuschen einer Flamme über den Flüssigkeitsspiegel zu bemerken ist. Man bezeichnet daher als

22. Flammpunkt diejenige Temperatur in Celsiusgraden, welche eine Flüssigkeit in einem offenen Gefäß hat, bei der sich zuerst flüchtige brennbare Stoffe aus der Flüssigkeit ausscheiden. Als

23. kältebeständig (Stockpunkt) bei der Temperatur C in Celsiusgraden bezeichnet man eine Flüssigkeit, wenn sie nach Abkühlung auf diese Temperatur noch fließt.

Die Untersuchung von Öl für Isolierzwecke führt noch auf einige weitere Begriffe, die hier nicht erläutert werden sollen. (Siehe Arbeiten der Isolierstoffkommission des V. D. E., Elektrotechnische Zeitschrift [ETZ] 1923, S. 601 u. 171.)

24. Spezifisches Gewicht. Das Verhältnis der Masse eines Körpers zur Masse eines gleichen Volumens Wasser bei 4^0 C bezeichnet man als sein spezifisches Gewicht.

25. Zug-, Druck- und Biegefestigkeit. Die Festigkeitszahl eines Materials gibt an, bei welcher Belastung in Kilogramm ein Stab von 1 mm^2 oder 1 cm^2 Querschnitt zerstört wird. Unter Zugfestigkeit versteht man den Widerstand gegen Zug, unter Druckfestigkeit die Fähigkeit einem axial gerichteten Druck zu widerstehen. Bei der Biegungsbeanspruchung tritt Zug und Druck auf, und zwar werden die Moleküle der konkaven Seite aneinander gedrückt, also auf Druck beansprucht, die Moleküle der konvexen Seite voneinander entfernt, also auf Druck beansprucht. Bei Festigkeitsuntersuchungen beachte man auch die „Normalien, Vorschriften und Leitsätze des Verbandes Deutscher Elektrotechniker". Dort sind auch weitere Angaben über Schlagbiegefestigkeit, Härteprüfung, Wärme- und Kälteprüfungen angegeben.

26. Ausdehnungskoeffizient. Erwärmt man einen Körper, dessen Länge l ist, um t^0 C, so dehnt er sich aus auf eine Länge
$$l_1 = l(1 + \alpha t),$$
α ist hierin der lineare Ausdehnungskoeffizient. Für eine Fläche ist der Ausdehnungskoeffizient $= 2\alpha$, für einen Körper (kubischer Ausdehnungskoeffizient) $= 3\alpha$.

Der Ausdehnungskoeffizient ändert sich nur wenig mit der Temperatur.

27. Dehnung und Gütezahl. Bei der Zerreißprobe eines Stabes dehnt sich dieser aus. Wird der Körper bis zum Eintreten des Bruches noch einmal so lang als er ursprünglich war, so beträgt seine Dehnung 100%. Man kann hiernach die Dehnung eines jeden Materials in Prozenten angeben. Die Gütezahl ist ein Maßstab für das mechanische Verhalten eines Stoffes; sie bildet das Produkt aus Zerreißfestigkeit in kg/cm² mal Dehnung in $\%$.

28. Elastizitätsmodul (Dehnungsmodul). Das elastische Verhalten eines Körpers innerhalb der Proportionalitätsgrenze ist gegenüber einer ziehenden Kraft vollständig bekannt, sobald man weiß, um welchen Bruchteil seiner Länge ein Draht oder Stab von 1 mm² Querschnitt durch eine Zugkraft von 1 kg verlängert wird. Man nennt diesen Bruchteil Elastizitätskoeffizient (auch Dehnungskoeffizient). Unter Elastizitätsmodulus versteht man nun den umgekehrten, reziproken Wert des Elastizitätskoeffizienten. Der Elastizitätsmodul gibt an, wieviel kg nötig wären, um einen Stab von der betreffenden Substanz von 1 mm² Querschnitt auf seine doppelte Länge auszudehnen, ganz abgesehen davon, ob sich der Körper auch wirklich ohne zu reißen und innerhalb der Proportionalitätsgrenze so weit ausdehnen läßt.

29. Moßsche Härteskala. Unter Härte versteht man im allgemeinen die Widerstandsfähigkeit gegen Eindringen eines fremden Körpers. In der Praxis werden zwei Körper am einfachsten dadurch an Härte verglichen, daß man mit scharfen Ecken oder Spitzen des einen Körpers den anderen zu ritzen versucht. Der Körper, der an der Oberfläche des anderen einen Ritz erzeugt, wird als der härtere bezeichnet. Durch die Ritzprobe vermag man die Stoffe nach ihrer Härte zu ordnen. Man hat hiernach eine sogenannte Härteskala aufgestellt, das heißt eine Reihe bekannter Mineralien festgelegt, die beim Vergleich mit anderen Stoffen nun als Normalkörper dienen. Die am meisten verbreitete Moßsche Härteskala enthält folgende zehn Mineralien:

1. Talk,   6. Feldspat,
2. Gips,   7. Quarz,
3. Kalkspat,   8. Topas,
4. Flußspat,   9. Korund,
5. Apalit,   10. Diamant.

Die Härte beliebiger Körper wird in der Weise geprüft, daß man sie durch Ritzproben zwischen zwei Glieder der Härteskala einreiht. Als Härtezahl wird dann die Ordnungszahl der betreffenden Stufe angegeben.

B. Die Isolierstoffe.

1. Kautschuk, Weichgummi, Hartgummi. In der gesamten Technik werden ungeheure Mengen Rohgummi verwendet. Seit 1914 bis heute ist der Weltverbrauch ungefähr auf das Fünffache gestiegen. Der Kautschuk (Gummielastikum) bildet eine Kohlenwasserstoffverbindung, die man als Rahm eines geronnenen Saftes erhält, welch letzterer gewonnen wird aus tropischen Bäumen und Sträuchern. Dieser Saft besteht aus etwa 30% reinem Kautschuk, 2% mineralischen Stoffen und 50% Wasser. Mischt man Kautschuk mit Schwefel und vulkanisiert, d. h. erhitzt das Gemisch unter etwa 4 Atm. Druck, so erhält man die heute meist gebräuchlichen technischen Gummisorten. Je nach dem Zusatz an Schwefel und wenig anderen Beimengungen erhält man Weichgummi oder Hartgummi. In vielen Fällen setzt man dem Rohgummi noch Abfallprodukte aus feingemahlenen Hartgummiresten, zuweilen gewisse Stoffe aus der Kohlendestillation zu.

Der Weichgummi hat in der Leitungsdrahtindustrie die größte Bedeutung. Er wird hier zum Zwecke der Drahtisolation zu Tüchern von 1 mm Stärke ausgewalzt, kalandriert, in Streifen geschnitten und mittels Maschinen in geeigneter Weise um den Draht herumgepreßt. Für die Isolation von Leitungsdrähten bestimmt der V. D. E., daß die Gummihülle mindestens $33,3\%$ Kautschuk enthalten muß, welcher nicht mehr als 6% Harz-

und höchstens 66,7% Zusatzstoffe, einschließlich Schwefel, enthalten darf. Von organischen Füllstoffen ist nur der Zusatz von Zeresin (Paraffinkohlenwasserstoffen) bis zu einer Höchstmenge von 3% gestattet.

Das spezifische Gewicht des „Adergummis" soll mindestens 1,5 betragen. Die oben beschriebene Mischung (Normalmischung des V. D. E.) hat eine Festigkeit von 34 kg/cm^2, eine Dehnung von 305% und demnach eine Gütezahl von 10400. Im Laufe der Jahre wird die Haltbarkeit des Weichgummis durch eintretende Oxydation heruntergesetzt.

Der Hartgummi spielt in der Radiotechnik eine ebenso wichtige Rolle als der Weichgummi. Bekannt ist er als Deckelplatte im Radioapparatebau, sowie immer als Grundplatte für die Montage stromführender Körper sehr beliebt. Außer der Plattenherstellung verbleibt der Rohr- und Stabfabrikation ein großes Feld. Aus Hartgummi stellt man auch Formstücke, Variometer, Spulenträger, Klemmschrauben und anderes mehr her. Die Fabrikation der Hartgummiplatten geht in der Weise vor sich, daß man den in Tüchern von 1 ÷ 2 mm gewalzten Weichgummi bis zur gewünschten Plattenstärke vorsichtig, ohne Luftblasen zu hinterlassen, aufeinanderschichtet. Der so geschichtete Gummi wird in eiserne Kästen in den Vulkanisierkessel gebracht und ca. 4 Stunden unter 4 Atm. Dampfdruck entsprechend einer Temperatur von 142° C behandelt. Danach werden die Platten auf Pressen gerade gerichtet und nach Beseitigung von Unreinigkeiten meist auf einer Seite hochglanzpoliert. Diese Hochglanzpolitur ist sehr vorteilhaft, da beim Fehlen derselben die Feuchtigkeit leichter eine leitende Brücke schlagen kann (Kondensation an rauhen Flächen). Wie schon erwähnt, soll man Hartgummiplatten nie längere Zeit dem direkten Sonnenstrahl aussetzen, da etwaiger durch die Vulkanisation nicht gebundener Schwefel mit dem Sauerstoff der Luft bei dieser Bestrahlung leicht Schwefelsäure bildet, die besonders in feuchten Räumen den Oberflächenwiderstand des Materials herabsetzt. Es wurde bereits ein Mittel angegeben, den Anfangszustand der Platten wiederherzustellen. Man kann jedoch dieser Säurebildung vorbeugen dadurch, daß man in größeren Zeitabständen die Platten mit einem in Petroleum angefeuchteten Lappen abreibt. Hartgummi ist eines der allerbesten Materialien für Isolierzwecke. Der Radioamateur kann das Material sehr leicht verarbeiten. Es läßt sich mit der Laubsäge gut schneiden und ebenso gut mit Spiralbohrern und der Bohrwinde bohren. Man kann sogar einzelne Hartgummiplatten, wenn sie beispielsweise für eine Deckelplatte zu klein sind, oder wenn sie zu einem Kästchen oder zu sonstigen Zwecken zusammengefügt werden sollen, durch Vulkanisieren aneinanderfügen. Zu diesem Zwecke reibt man die zu klebenden Flächen zuerst mit Sandpapier und bestreicht sie dann dünn mit Vulkanisierlösung, wie sie in Fahrradgeschäften zu haben ist. Die Klebstellen werden danach aneinandergedrückt, mit Klammern oder Schraubzwingen gehalten und etwa 2 Stunden im Backofen auf ca. 100° C erhitzt. Nach den bisher gemachten Erfahrungen sind die Eigenschaften von Hartgummi:

Elektrischer Leitwert bei 20° C $1 \cdot 10^{-18}$ $(\Omega/cm)^{-1}$;

Oberflächenwiderstand bei 100 % Feuchtigkeit 1 Mill. MegΩ/cm;

Dielektrizitätskonstante etwa 2,8;

Dielektrischer Leistungsfaktor = 0,003 ÷ 0,02 bei 20° C und 5000 Frequenz;

Durchschlagsspannung nach Qualität 30 000 ÷ 15 000 Volt/mm;

Lichtbogensicherheit: Lichtbogen läßt sich nicht über 20 mm ausziehen;

Wärmebeständig bis 50° C; nicht feuersicher. Zündungsdauer 3 Sek. Auftreiben und Schmelzen des Materials. Abtropfen der Schmelze. Nach Entfernen der Flamme Weiterbrennen unter Knistern und Funkensprühen. Abtropfen bis zur völligen Zerstörung des Materials;

Feuchtigkeitsaufnahme etwa 0; beständig in Öl;

Aschegehalt 0,5 ÷ 20 %, dementsprechend ist das Material gut oder schlecht zu bearbeiten;

Spezifisches Gewicht 1,4;

Biegefestigkeit nach Qualität 1000 ÷ 350 kg/cm²;

Zerreißfestigkeit etwa 627 kg/cm².

2. Bakelit, Trolit. a) **Bakelit.** Das als Bakelit bezeichnete Isoliermaterial ist ein künstlich hergestelltes Harzprodukt, welches in pulveriger Form mit Holzmehl oder Asbestfaser gemischt, in 160° C heiße Stahlformen unter 150 Atm. Druck in feste Substanz übergeführt wird. Die Herstellung des unvermischten Kunstharzes Bakelit ist in Deutschland patentiert. Die Bakelite G.m.b.H. in Berlin W 35 stellt für Bakelit verarbeitende Industrien fertige Preßmischungen her. Setzt man diesen Mischungen Farben hinzu, so lassen sich sehr schöne farbige Isolierkörper herstellen, das Material wird ebenso wie beim Hartgummi zu Platten, Stangen, Rohren und Fassonstücken verarbeitet.

Eigenschaften des Bakelits:
Elektrischer Leitwert $0,5 \cdot 10^{-16}$ $(\Omega/\text{cm})^{-1}$;
Oberflächenwiderstand bei 50 % Feuchtigkeit 8 Mill. MegΩ/cm;
Dielektrizitätskonstante $5,6 \div 8,8$;
Durchschlagsspannung $75\,000 \div 45\,000$ Volt/mm nach Qualität;
Wärmebeständig bis ca. 300° C;
Feuchtigkeitsaufnahme 0;
Biegefestigkeit 500 kg/cm² bis ca. 200° C;
Spezifisches Gewicht 1,3.

b) Trolit. Für eine ganze Anzahl von Isolierstoffen verwendet man hauptsächlich drei Grundsubstanzen: einen isolierenden Körper mit hohem Schmelzpunkt wie Asphalt, ein Bindemittel wie Asbest oder Zellstoff, und meist ein feingemahlenes Mineral wie Quarzmehl, Ziegelpulver und dergleichen. Es ist äußerst wichtig, daß die Mischung von allen Feuchtigkeitsresten befreit wird. Der von der Rheinisch-Westfälischen Sprengstoff-A.-G. Troisdorf a. Rh. hergestellte Isolierstoff besitzt als Bindemittel Zellstoff, auch Zellulose genannt. Der Zellstoff besteht aus Kohlen-, Wasser- und Sauerstoff und findet sich als Hauptbestandteil der Zellenwände aller Pflanzen vor. Er ist aber meist nicht rein in ihnen enthalten, sondern vielfach vermengt mit Harzen, Fetten und anderem mehr. Man erhält den Zellstoff als Pulver, wenn man ihn zuerst in Kupferoxydammoniaklösung auflöst und sich dann durch Zusatz von gelösten Alkalien absetzen läßt. In dieser Form kann man ihn gut mit Asphalten und pulverisierten Mineralien mischen. „Trolit" in Pulverform kann man sehr gut in Pressen oder nach dem Spritzverfahren verarbeiten. Das Pulver wird in einem geeigneten Schrank auf ca. 120° C erhitzt und so in eine vorgewärmte Preßform gefüllt, welche nun unter einem Druck von etwa 200 Atm. gesetzt wird. Nach einer Abkühlung auf ca. 50° C wird die Form geöffnet und der Preßkörper herausgenommen.

Bei dem Spritzverfahren wird das Trolitmaterial in einen Stahlzylinder gefüllt, der etwa auf 120° C heiß gehalten wird. Der obere Teil des Zylinders wird durch einen Kolben verschlossen, der jedoch mittels Handradübersetzung auf und ab bewegt werden kann. An dem Zylinder ist noch ein Blechtrichter angebracht, der bei Hochheben des Kolbens selbsttätig den Rohstoff nachfließen läßt. Das untere Ende des Zylinders enthält eine Spritzdüse, welche in die dauernd gekühlte Spritzform mündet. Beim Niederdrücken des Kolbens fließt die heiße Flüssigkeit in die Form, in welcher sie sogleich erstarrt. Durch Hoch- und Niederdrücken setzt sich die Spritze auf die Form auf oder hebt sich von ihr ab, wodurch dieselbe schnellstens ausgewechselt werden kann. Die hochglanz polierten Formen ergeben ebensolche blanke Abgüsse. Es können von Trolit, ebenso wie bei Hartgummi und Bakelit, Platten, Stäbe, Rohre und alle Arten von Fassonstücken hergestellt werden. Für hochwertige Isolationen kommt die Marke „Trolit F" in Frage. Griffe, Skalen, Knöpfe usw. stellt man meist aus geringeren, billigeren Qualitäten her. Trolit kann in allen Farben, sogar in transparenten Sorten, geliefert werden.

Eigenschaften von Trolit:

Elektrischer Leitwert $0,15 \cdot 10^{-12}$ $(\Omega/cm)^{-1}$.

Oberflächenwiderstand bei 56% Feuchtigkeit 10 000 bis 1 Mill. Meg.Ω/cm.

Dielektrischer Leistungsfaktor $= 0,046$ bei 800 Frequenz.

Durchschlagsspannung 25 000 Volt/mm.

Wärmebeständig bis 65° C; nicht brennbar.

Feuchtigkeitsaufnahme 0; beständig gegen dünne Säuren, Biegefestigkeit etwa 500 kg/cm².

Spezifisches Gewicht 1,8.

Bearbeitbarkeit: mittelmäßig.

3. Paraffin, Schellack, Wachs. a) **Paraffin** wurde um 1839 von Reichenbach entdeckt und auch von ihm benannt; der Name kommt von parum affinis, weil der Rohstoff nur wenig reaktionsfähig ist. In Deutschland wird das Paraffin vielfach aus Braunkohlen gewonnen. In 6 m hohen und 2 m breiten mit Schamotte ausgekleideten Schwelöfen unterwirft man die Braunkohle einer trockenen Destillation. Aus der Schwelkohle, das ist eine Braunkohlensorte, welche in Deutschland bei Halle vorkommt, gewinnt man so etwa 50°/₀ Braunkohlenteer. Dieser enthält hauptsächlich Kohlenwasserstoffe der Fettreihe und geringe Mengen andere Bestandteile. Durch fraktionierte Destillation ergibt sich aus dem Braunkohlenteer leichtes Rohöl und Paraffin. Letzteres läßt man mittels Eismaschinen kristallisieren und trennt das Öl vom Paraffin durch Filter und hydraulische Pressen. Die abgepreßten Öle werden abermaliger fraktionierter Destillation unterworfen und ergeben nochmals Rohöl und Paraffinmasse. Das Destillationsverfahren kann mehrere Male wiederholt werden. Letzten Endes schmelzt man das stark riechende Paraffin mit Benzin oder Braunkohlenteeröl und preßt es nach dem Erstarren. Das Paraffin wird bei 80° C durch Teerkohle und Blutlaugensalzrückstände entfärbt und in Blöcke oder Tafeln gegossen. In ähnlicher Weise wird auch Paraffin aus Erdwachs und Erdöl gewonnen; in letzterem Falle als Nebenprodukt. Sehr ergiebige Rohstoffe für Paraffin sind das Erdöl von Irawadi, die Ozokerite, das sind natürlich vorkommende, meist grünlichgelbe, wachsähnliche, nach Petroleum riechende Kohlenwasserstoffverbindungen, welche in Ostgalizien in Flözen des jüngeren Tertiär in ausbeutefähiger Menge gefunden werden, mit Dampf geschmolzen, in Kuchenform abgesetzt werden und so auf Paraffin, Ceresin und Mineralöle verarbeitet werden; sodann bituminöse Schiefer von Trinidad, Kuba, Kalifornien und Kanada. Auch bei Darmstadt wird dieser Schiefer verarbeitet.

Der Wert des Paraffins wird durch den Schmelzpunkt bestimmt, der zwischen $30 \div 63°$ C liegt. Die um 50° C schmelzenden Sorten nennt man harte, die leichter schmelzenden weiche Paraffine. Erstere sind die wertvolleren Produkte. Die Paraffine des Handels sind meist kristallinisch, farb-, geruch- und geschmacklos, durchscheinend und fühlen sich schlüpfrig an. Sie widerstehen verdünnten Säuren und Alkalien. Besonders sind die harten sehr beständig; diese werden nur wie Salpetersäure und Chromsäure oxydiert.

In der Elektrotechnik und speziell auch in der Radiotechnik findet Paraffin als isolierendes Zwischenmittel, sowie besonders als Tränkmittel vielfach Verwendung; leider ist die Klebfähigkeit nur sehr gering und der Schmelzpunkt reichlich niedrig. Die elektrischen Eigenschaften des festen Paraffins sind:

Elektrischer Leitwert bei 20^0 C 10^{-16} $(\Omega/\text{cm})^{-1}$.
Oberflächenwiderstand bei $90^0/_0$ Feuchtigkeit der umgebenden Luft 7000 Mill. MegΩ/cm.
Dielektrizitätskonstante 2,3.
Dielektrischer Leistungsfaktor 0,00012 bei 20^0 C und 500 Frequenz.
Schmelzpunkt 38^0 C entspr. spez. Gewicht = 0,869.
Schmelzpunkt 58^0 C entspr. spez. Gewicht = 0,915.
Flammpunkt 160^0 C in Luft.

b) **Schellack** (engl.: shell-lac) ist ein aus dem Gummilack abgeschiedenes Harz. Es wird in Indien erhalten, indem man den rohen, oder durch Auswaschen mit Wasser vom Farbstoff befreiten Gummilack in Säcken auf etwa 140^0 C erhitzt, die Säcke auswindet und das abfließende Harz auf Pisangblättern oder Metallplatten in dünner Schicht erstarren läßt. Der Schellack kommt vielfach in kleinen Platten oder in waffelförmigen Tafeln in den Handel. Er ist in Kälte sehr spröde und brüchig, geschmack- und geruchlos und hat mehr oder weniger dunkelbraune Färbung. In der Radiotechnik werden vielfach Spulenkörper mit Schellack getränkt. Zu diesem Zwecke erhitzt man den Stoff, aber so, daß die Flamme nicht in den Schmelztiegel schlagen kann, da Schellack mit helleuchtender Flamme verbrennt. Im übrigen ist Schellack in Weingeist, Borax, Ammoniak und kohlensauren Alkalien löslich, dagegen nicht löslich in Wasser. Der Funkfreund kann den Stoff in der Drogerie in jeder Menge nach Gewicht kaufen.

Eigenschaften:
Elektrischer Leitwert bei 20^0 C 10^{-16} $(\Omega/\text{cm})^{-1}$.
Oberflächenwiederstand 10000 MegΩ/cm.
Dielektrizitätskonstante $3 \div 4$.
Durchschlagsspannung etwa 20000 Volt/mm.
Schmelzpunkt weit unter 100^0 C.

c) **Bienenwachs** und **Mineralwachs** sind verschiedene Dinge. Das erste ist eine feste, fettige Masse, welche durch den Verdauungsprozeß zuckerhaltiger Nahrung entsteht. Mineralwachs, auch als Zeresin bezeichnet, entsteht durch Erhitzen von Ozokerit (siehe S. 28) mit konzentrierter Schwefelsäure und nachfolgendem Bleichen. Mischt man es mit Mineralöl, so entsteht die künstliche Vaseline. Das Bienenwachs riecht honigartig, ist in der Kälte spröde und erweicht jedoch schon in der Hand. Wachs wird überall produziert, wo die Bienenzucht blüht. Wegen seines niedrigen Schmelzpunktes (61 bis 64° C) wird es in der Elektrotechnik heute nur noch wenig verwendet.

Die Dielektrizitätskonstante beträgt 1,86.

Spezifisches Gewicht 0,96.

4. Die Harze sind stickstofffreie Produkte des Pflanzenreiches; sie fließen aus Baumrinden, noch gemischt mit ätherischen Ölen, die ihre Konsistenz bewirken. Das zähflüssige honigartige Rohharz wird geschmolzen, filtriert und durch Destillation mit Wasserdampf auf Kolophonium, oder Kiefernfertigharz und Terpentinöl verarbeitet. Harz ist ein Schutzsekret der Bäume, kein Lebenssaft; es ist spröde, springhart, gelb bis rotbraun, z. T. durchsichtig. Einige Harze sind fossil wie z. B. Bernstein, sonst sind sie amorph, von muscheligem Bruch, in Wasser unlöslich, jedoch mehr oder weniger löslich in Weingeist, Äther und Kohlenwasserstoffen. Sie brennen mit rußender Flamme und sind Nichtleiter der Elektrizität. Beim Reiben mit einem Woll- oder Lederlappen werden sie negativ elektrisch. Den größten Teil des deutschen Kiefernfertigharzes verbrauchen die Papierindustrien, Kabelwerke und Lackfabriken u. a. m. In der Funktechnik wird Harz ebenfalls zur Herstellung von Lacken verwendet, sowie auch als Konservierungsmittel vielfach benutzt. Manche Harze besitzen den Nachteil, daß sie in Verbindung mit Metallen und etwa hinzutretender Feuchtigkeit zur Entstehung von Metallverbindungen Anlaß geben. Harze und Asphalte enthalten Wasser. Es haftet sehr fest in ihnen und entweicht erst, wenn man Temperaturen von 140 bis 160° C anwendet. Durch hohes Erhitzen können die fossilen Harze hydrolytisch spalten, sandig werden und dann die Deck- und Bindekraft verlieren.

Die Dielektrizitätskonstante ist 2,5.

Der Oberflächenwiderstand an Kolophonium 200 Millionen MegΩ/cm.

Der Volumwiderstand beträgt hier etwa 50000 Millionen Ωcm^2/cm.

5. Papier, Preßspan, Repelit, Pertinax. In der Isoliertechnik spielt das Papier, welches ein Produkt der Zelluloseverarbeitung ist, eine große Rolle. Als unverarbeitete Zellulosemasse hat es jedoch keine Bedeutung, denn die Masse ist äußerst hygroskopisch und die dielektrischen Eigenschaften sind in diesem Zustande sehr unvorteilhafte. Zur Überführung in einen elektrischen Nichtleiter bearbeitet man die getrocknete Substanz vielfach mit Harz, Pech, Paraffin, Schellack oder mit sonstigen hochwertigen Isolierstoffen. Hierbei ist dafür zu sorgen, daß der Papierstoff vollständig von den isolierenden Stoffen durchtränkt wird, so daß das Gewebe lediglich nur noch als Gerüst und die Tränkmasse als Dielektrikum dient.

Ein in der Elektroindustrie weit mehr verwandter Stoff als das Papier ist der Preßspan. Er bildet eine durch entsprechenden Zusatz zäher gemachte Zellstoffmasse, welche dann meist ebenfalls mit einem Imprägniermittel bearbeitet wird. Von der Art des Zellulosezusatzes ist die mechanische Festigkeit wesentlich abhängig. Der ölgetränkte Preßspan wird in der Radiotechnik vielfach zum Aufbau von Spulenkörpern, Variometern und Variokopplern für Kondensatorisolation usw. verwandt. Er ist in Tafeln von $1 \div 10$ mm und zuweilen in noch größerer Stärke zu haben; die Zugfestigkeit des Materials beträgt etwa 6000 kg/cm^2, das spezifische Gewicht etwa 1,4. Die Durchschlagsfestigkeit ist etwa 8000 Volt/mm und die Dielektrizitätskonstante etwa 2,5 je nach dem Tränkungsmittel.

Eine Abweichung vom schichtenweisen Aufbau der Papierdielektrica findet man beim „Durax", einem bakelitgetränkten Zellstoff. Die Verschmelzung des Tränkungsmittels mit dem Faserstoff ist bei diesem Fabrikat so innig, daß ein überall homogenes Dielektrikum gewährleistet wird. Das Material hat eine Dielektrizitätskonstante von etwa 4, weshalb der dielektrische Verlust noch verhältnismäßig niedrig ist. Die Durchschlagsfestigkeit beträgt 12000 Volt/mm, das spez. Gewicht 1,3. Die Beanspruchung auf Biegung beträgt 600 kg/cm^2, die Druckfestigkeit 5000 kg/cm^2. Der Stoff ist vollkommen sicher gegen Feuchtigkeit und die Verarbeitbarkeit ist eine sehr gute. Das Material wird vielfach da angewendet, wo hohe Spannungen vorkommen (Sendestationen). Andere Stoffe dieser Art sind das Turbonit von Jaroslaws Erster Glimmerwarenfabrik, das Haefelyt der Haefely & Co., sowie das Pertinax der Meirowsky A.-G. Das Pertinax ist je nach der Zusammensetzung gelb, braun, schwarz oder rot. Die erste und die zweite Farbe entsprechen den am meisten verwendeten Sorten. Im übrigen hat Pertinax äußerlich den Charakter eines harten Holzes. Eigentümlich ist dem Material der geschichtete Aufbau. Platten sind aus Papierflächen aufgebaut, die durch das Harz gebunden sind, Zylinder zeigen einzelne konzentrische übereinanderliegende Flächen. Das Material läßt sich in jeder üblichen Weise bearbeiten. Beim Drehen und Gewindeschneiden darf die Schnittgeschwindigkeit bei allen Werkzeugen nur gering gewählt werden. Die Dielektrizitätskonstante von Pertinax ist $4 \div 5$, der Durchschlag tritt bei etwa 25 000 Volt für 1 mm Stärke ein. Das Material ist mechanisch sehr fest, verträgt Temperatur bis 180° C und es wird von Ölen und von Fetten nicht angegriffen. Platten werden in Größen von 550×1050 und 1300×1500 mm, Rohre von 3 mm Innendurchmesser aufwärts geliefert.

6. **Vulkanfiber.** Wenn man Zellulose oder auch Papier mit Zinkchloridlösung, $ZnCl_2$, oder konzentrierter Schwefelsäure behandelt, so entsteht eine breiige Masse, welche unter Anwendung von hohem Druck zu einem festen Körper übergeführt wird, den man nun als Vulkanfiber bezeichnet. Vulkanfiber soll als Isolierstoff in der Radiotechnik nicht verwendet werden, denn seine elektrischen Eigenschaften sind verhältnismäßig schlecht. Es ist stark hygroskopisch, quillt in Wasser und springt bei direkter Einwirkung von Hitze u. U. knallend auseinander. Vulkanfiber hat im besten Zustande eine Leitfähigkeit von $2 \cdot 10^{-10}$ $(\Omega/\text{cm})^{-1}$ bei der Temperatur 20° C, einen Oberflächenwiderstand von 200 MegΩ/cm, welche Werte sehr stark mit veränderter Temperatur variieren.

7. **Flachs, Hanf, Leinen, Baumwolle, Jute, Seide.** Hanf- und Flachsfasern werden allein oder gemischt, bisweilen auch beide mit Baumwolle, dem Samenhaar tropischer Gewächse, oder mit Jute, der Bastfaser der Corchorus capsularis, welche hauptsächlich in Indien — daher auch als Bengalhanf bezeichnet — Asien und Amerika vorkommt, zu Schnüren und Geweben verarbeitet. Diese werden nun mit allerlei isolierenden Substanzen, wie Gummilösungen, natürlichen und künstlichen Harzen, Schellack, Wachs, Paraffin, Asphalt, Leinöl und

allen möglichen Lacken getränkt und so in brauchbare elektrische Isolierstoffe übergeführt. Flachs und Hanf liefern ihrer Qualität entsprechend sehr festes Isoliergewebe, Baumwolle und Jute ist von geringerer Festigkeit; sie halten dafür Temperaturen bis zu 120° C vorübergehend aus, was wichtig ist bei der Isolation von Maschinenwicklungen. Das Tränken der Gewebe geschieht auf maschinellem Wege dadurch, daß diese über Walzen durch die Lösung gezogen werden und dann wiederum auf Walzen trocknen. Dieser Prozeß kann mehrere Male hintereinander wiederholt werden, wodurch die Isolierfähigkeit immer besser wird. Die mechanischen Eigenschaften sind neben den elektrischen bei der Bewertung von isolierenden Geweben zu berücksichtigen. Brechen der Isolierschicht darf beim Knicken nicht eintreten. Gute Festigkeitseigenschaften werden angenehm empfunden, wenn die Gewebe zur mechanischen Umspinnung von Leitern aller Art benutzt werden. Aus diesen Gedanken heraus entstanden auch die sogenannten

Diagonalbänder.

Bei diesen sind die Bandstreifen nicht wie bei gewöhnlichem Isolierband parallel zum Webschuß geschnitten, sondern unter einem Winkel. Man hat gefunden, daß solche Bänder eine erhöhte Festigkeit aufweisen. Die Diagonalbänder dürfen selbstverständlich nicht so weit angezogen werden, daß die Gewebequadrate sich zu Rhomben verziehen; dadurch könnte das isolierende Mittel zerrissen werden. Die Herstellung vorteilhafter Isoliergewebe setzt langjährige Produktionserfahrungen voraus.

Seide ist der von der Seidenraupe aus dem Inhalt ihrer Spinndrüsen erzeugte Faden, aus dem sie zur Verpuppung eine Hülle (Kokon) herstellt. 3000 m Kokonfaden von etwa 0,02 mm Durchmesser wiegen ca. 1 g. Ein solcher Faden hat eine Dehnung von rund $18^0/_0$ und besitzt eine Festigkeit von etwa $1/_3$ derjenigen von Eisendraht. Aus diesen Gründen werden Kokonfäden oftmals beim Bauen von Präzisionsinstrumenten verwendet. Die Isolierfähigkeit der Seidengewebe ist größer als die der Pflanzenfasergewebe; dazu sind sie dünner, was besonders beim Kleinapparatebau (Spulenwickelei) oftmals von Nutzen ist. Seidengewebe halten Temperaturen bis sogar 150° C kurzzeitig aus.

8. Glimmer und Mikanit.

Man darf den Glimmer nicht verwechseln mit Marienglas, einer blättrigen, in durchsichtige, perlmutterglänzende Tafeln zerlegbare Gipsart, die in Deutschland in großen Kristallplatten gefunden wird; sie ist nur wenig spaltbar und nicht so durchsichtig wie das wertvolle Glimmerprodukt. Glimmer ist ein Kristall und findet sich in den verschiedensten Schichten der Erdrinde, hauptsächlich in den Glimmergesteinen wie Pegmatit, Granit, Glimmerschiefer usw. vor. Die meisten Vorkommen befinden sich in Indien, Afrika, Argentinien, Brasilien, Norwegen, Guatemala und Rußland (Ural). Die genannten Länder liefern im wesentlichen Muskowite, das sind Kalium-Aluminium-Doppelsilikate, von rötlicher, grünlicher oder weißer Färbung, die in mehr oder weniger großer Regelmäßigkeit auftreten. In Kanada und auf Ceylon wird der sogenannte Phlogopit abgebaut, ein Doppelsilikat von weit komplizierterer chemischer Zusammensetzung, dem man auch den Namen Mica-Amber gibt. Die Glimmerkristalle werden an Ort und Stelle von dem anhaftenden Gestein befreit, auf ca. $^1/_2$ mm Stärke gespalten und dann die brauchbaren Stücke herausgeschnitten. Alsdann erfolgt die Sortierung nach Qualität und Größe. Die hauptsächlichsten Handelssorten sind die Rubyglimmer, der grüne und braune Madras, gefleckter und Amberglimmer. Der Wert des Glimmers richtet sich nach Größe und Qualität. Die Größe läßt sich eindeutig bestimmen. In bezug auf Qualität sind die hellen Farben und die ungefleckten Stücke die wertvolleren.

In der Elektrotechnik und ganz besonders auch in der Funktechnik findet Glimmer wegen seiner vorzüglichen elektrischen und mechanischen Eigenschaften die weiteste Verbreitung, so u. a. als Dielektrikum im Kondensatorenbau, als Isolierstoff in allen Fällen, wo man mit hohen Spannungen arbeitet und wo die mechanische Festigkeit des Materials geeignet erscheint: Als Ringe für Löschfunkenstrecken und als Membranen zur Umformung von akustischer Energie in elektrische und umgekehrt. In allen diesen Fällen wendet man hier meist den hochwertigen, fleckenlosen klaren Glimmer an, der gegenüber den anderen Sorten den höchsten Oberflächenwiderstand aufweist. Für die Zwecke der Starkstromtechnik genügt dagegen der schwarzgefleckte Glimmer vollkommen. Die rötlichen Flecke, die der Glimmer zuweilen enthält, sind keine gewöhnlichen, leitenden Eisenoxyde, und braucht man daher bei der Auswahl der Stücke nicht allzu ängstlich zu sein.

Die Verarbeitung des Rohglimmers erfordert ganz besonders geschulte Kräfte, die sich ihre Fähigkeiten nur im Laufe der Jahre aneignen können, besonders in solchen Fällen, bei welchen die Qualität des Materials und die Genauigkeit der Herstellung der einzelnen Teile eine große Rolle spielt. Einfache rechteckige Platten werden auf der Schlagschere geschnitten, Fassonteile werden entweder mit einfachen oder kombinierten Schnitten hergestellt. Der Funkfreund spaltet die beim Installateur gekauften Stücke mit einem Messer und schneidet sie darauf mit der Schere auf Maß. Durch die Härte des Glimmers, die etwa bei 2,3 liegt, werden die Bearbeitungswerkzeuge großem Verschleiß ausgesetzt. Die wichtigsten Konstanten von Glimmer sind:

Elektrische Leitfähigkeit bei 20° C $0,005 \div 25 \cdot 10^{-15} (\Omega/\text{cm})^{-1}$;
Dielektrizitätskonstante $5 \div 6$;
Dielektrischer Leistungsfaktor bei 20° C und $5 \cdot 10^{5}$ Frequenz ist $0,0002$;
Oberflächenwiderstand des weißen Glimmers in Luft von $90 \div 100^{0}/_{0}$ Feuchtigkeit etwa 5000 Meg Ω/cm.

Die Mikanitfabrikation benutzt für sich den an den Glimmerfundstätten in dünnen Plättchen übriggebliebenen Spaltglimmer. Diese Glimmerreste werden unter Zusatz eines Bindemittels zu Platten oder Formstücken zusammengepreßt. Durch verschiedenste Kombination der Bindemittel und des Glimmers kann man so die mannigfachsten Sorten dieses Glimmer-Kunsterzeugnisses herstellen. Vielfach wird der Glimmer in etwa 0,02 mm dünne Plättchen gespalten, schuppenartig übereinandergelegt, mit Schellacklösung bestrichen, eine weitere Schicht gelegt, und so fortgefahren, bis die gewünschte Stärke erreicht ist. Durch heißes Pressen des Materials kann man außer Platten auch Fassonstücke herstellen. Weißmikanit, das nur ganz dünne Lacklösungen enthält, wird zum Aufbau von Kollektoren viel verwendet. Für Fassonteile benutzt man den schellackreicheren Form- oder Braunmikanit.

Elektrische Eigenschaften:
Elektrische Leitfähigkeit bei 20° C etwa $10^{-15} (\Omega/\text{cm})^{-1}$;

Oberflächenwiderstand bei 90 ÷ 100 $^0/_0$ Feuchtigkeit etwa 3000 MegΩ/cm;
Dielektrizitätskonstante 3,5 ÷ 5;
Elektrischer Verlustwinkel tang $\delta = 0{,}067$ bei 3000 Volt und 50 Frequenz.

9. Glas und Porzellan.

Ein technisch dargestelltes Gemenge von Kalzium- und Alkalisilikaten ist das Glas, und zwar besteht das gewöhnliche oder Natronglas aus Kalzium- und Natriumsilikat, das sehr feuerbeständige Kaliglas dagegen aus Kalzium- und Kaliumsilikat. Als Rohmaterial verwendet man meist möglichst eisenfreien Quarzsand, Kalkspat, Kalkstein oder Kreide, Soda oder Natriumsulfat mit Kokspulver und Pottasche. Die zerkleinerten Rohstoffe werden gemischt und in etwa 1 m weiten Tontiegeln, den Glashäfen, vermittels eines Regeneratorofens bis zur Weißglut erhitzt. Die Glashäfen vereinigt man in größerer Anzahl in einem Ofen und macht jeden durch eine kleine Öffnung in der Ofenwand zugänglich; im Großbetriebe sind die Glashäfen durch den Siemensschen Wannenofen entbehrlich geworden.

Das Glas findet beim Radioamateur vielfach Verwendung, so u. a. in Röhrenform als Durchführungsisolation durch Fensterrahmen und Mauerwerke. Solche kleinen Röhrchen sind in fast allen Dimensionen beim Drogisten zu haben. Will man ein solches Röhrchen durchschneiden, so macht man mit einer Dreikantsägefeile einen kleinen Schnitt und bricht hiernach das Röhrchen ab. Glasstäbe kann man unter Berücksichtigung ihrer Zugfestigkeit auch als Antennen-Hängeisolatoren verwenden. Als Dielektrikum für Kondensatoren lassen sich Glasplatten sehr schön gebrauchen. Verfasser dieses Bändchens benützte zum Einbauen von Drehkondensatoren zu Experimentierzwecken die kleinen „Weck-Einkochgläser". Ein Fünfhunderter- oder Tausender-Drehkondensator findet gerade in ihnen Platz. Das Bohren der Löcher durch den Glasdeckel für die Welle und die Befestigungsschrauben geschieht mit der Bohrwinde. Als Bohrer nimmt man eine alte Dreikant-Sägeblattfeile, schleift dieselbe vorne spitz wie eine dreiseitige Pyramide und schleift, indem man eine Kante der Pyramide auf den Schleifstein hält, eine messerartige Schneide von etwa 2 mm Länge an. Als Bohrflüssigkeit benutzt man Terpentinöl.

Glasplatten schneidet man am besten mit dem Diamanten oder mit den viel billigeren Stahlschneidern.

Elektrische Eigenschaften des Glases:
Elektrische Leitfähigkeit bei 20^{0} C etwa $2 \cdot 10^{-14}$ $(\Omega/\text{cm})^{-1}$;
Oberflächenwiderstand bei $90 \div 100^{0}/_{0}$ Luftfeuchtigkeit etwa 20 MegΩ/cm;
Dielektrizitätskonstante $5 \div 6$ für gewöhnliches Fensterglas;
Dielektrische Verluste je nach Zusammensetzung sehr verändert;
Das sogenannte „Minosglas" der Firma Schott und Genossen, Jena, hat einen Verlustwinkel von etwa 2 Minuten.
Elektrische Durchschlagsfestigkeit etwa $100 \div 500$ kV/cm;
Temperaturbeeinflussung: Das Material springt bei ungleicher Erwärmung;
Spezifisches Gewicht etwa 3;
Druckfestigkeit $6000 \div 13000$ kg/cm²;
Zugfestigkeit $300 \div 900$ kg/cm²;
Ausdehnungskoeffizient: linearer $3 \div 10 \cdot 10^{-7}$;
Härte $4,5 \div 6,5$;
Elastizitätsmodul etwa 650000 kg/cm².

Porzellanerde oder Kaolin ist ein weißes, erdiges, in Böhmen, Sachsen und Thüringen gefundenes Mineral von der Formel $H_4Al_2Si_2O_9$. Durch Kalziumkarbonat, Quarz und Eisenhydroxyd verunreinigt, kommt dieses Aluminiumsilikat als Ton und als Lehm natürlich vor. Der Kaolin wird durch Schlämmen gereinigt, mit etwa 25 Teilen Quarz- und 25 Teilen Feldspatpulver vermengt und in feuchtem Zustande auf der Töpferscheibe aus freier Hand oder auf Maschinen geformt. Das Drehverfahren wird für elektrotechnische Zwecke am meisten angewendet. Dünne zylindrische Körper werden vielfach gezogen in der Weise, daß man aus einem Behälter mit Hilfe eines Preßkolbens die Porzellanmasse durch eine dem Querschnitt des Zylinders entsprechende Öffnung herauspreßt. In ähnlicher Weise werden auch Rohre hergestellt. Schalterteile, Stecker, Körper zu Radioheizwiderständen u. a. m. werden nach dem Preßverfahren bearbeitet. Die Masse wird hier in Stahlformen auf hohen Druck gepreßt.

Die so bearbeiteten Gegenstände werden sehr langsam getrocknet und dann zum ersten Male bei etwa 900^{0} C in einem

Kammerofen gebrannt, damit sie fester und porös werden. Zum Zwecke des Glasierens von Isolatoren usw. werden diese erstmals in eine Glasurflüssigkeit, bestehend aus sehr fein gemahlenem Feldspat und Wasser, getaucht, so daß sie sich durch Aufsaugung des Wassers mit einer gleichmäßigen, dünnen Schicht von Feldspatpulver bedecken. Oftmals benutzt man zum Glasieren auch grüne oder braune Flüssigkeiten. Das zweite Erhitzen der Porzellankörper, der sogenannte Glattbrand geschieht ebenso wie das erste Brennen in Kapseln aus feuerfestem Ton, damit eine Verunreinigung durch Flugstaub vermieden wird. Beim zweiten Brennen werden Temperaturen von $1400 \div 1500°$ C ca. $25 \div 40$ Stunden lang angewendet; dabei schmilzt der Feldspat und bildet eine Glasur, welche die poröse Tonmasse vollständig durchtränkt und sie gleichartig und glänzend macht. Für die Güte der Ware ist der richtige Gang des Brennprozesses von größter Wichtigkeit.

Für die Zwecke der Elektrotechnik hat das Porzellan als Isolierstoff eine ganz hervorragende Bedeutung gewonnen. Dem Radioamateur ist das Material vor allem bekannt in Form der Eier-Isolatoren, der Muschel-, Zylinderform-, Rillen- und Pilzform-Isolatoren, sodann auch als Durchführungstüllen, Baustoff für Schalter u. dgl. mehr.

Die *elektrischen Eigenschaften des Porzellans* sind folgende:
Elektrische Leitfähigkeit bei $20°$ C etwa $3 \cdot 10^{-15}$ $(\Omega/\text{cm})^{-1}$;
Oberflächenwiderstand in Luft von $90 \div 100 \%$ Feuchtigkeit
 für unglasiertes Porzellan 60 MegΩ/cm;
 für glasiertes Porzellan 600 MegΩ/cm;
Dielektrizitätskonstante $5 \div 6$;
Dielektrischer Verlust: glasiertes 0,0494 bei 4800 Frequenz;
Durchschlagsspannung: Diese hängt wesentlich von der Form
 der Elektroden und der Dicke des Materials ab (etwa
 100 kV bei 10 mm Dicke);
Druckfestigkeit etwa 4000 kg/cm²;
Bei Spezialisolatoren zum Abspannen der Antennen werden
 Bruchfestigkeiten von 20000 kg erreicht;
Zugfestigkeit 250 kg/cm²;
Biegefestigkeit $400 \div 650$ kg/cm²;
Ausdehnungskoeffizient: linearer $4 \div 6 \cdot 10^{-6}$;
Spezifisches Gewicht etwa 2,4;

Elastizitätsmodul etwa 720000 kg/cm²;
Temperaturbeeinflussung: Nach dem V.D.E. müssen die Isolatoren einen 3maligen Temperaturwechsel zwischen $+15^0$ und $+75^0$ C bei der Probe gewachsen sein.

10. Galalith, Zelluloid, Zellon. Ein jeder Radiointeressent kennt die hübschen, bunten Stecker, Bananenstecker und Anodenbatteriestecker in ihren schönen Farben und Formen; das Material hierzu ist vielfach der unter dem Namen Galalith bekannte Kunststoff der Internationalen Galalithgesellschaft in Harburg a.d. Elbe. Es ist ein nicht brennbarer Preßstoff, welcher mit allen möglichen Farben vermischt, in Formen, unter Benutzung einer Zusatzsubstanz, zum Erhärten gebracht wird. Die elektrischen Eigenschaften des Materials sind nicht besonders gute. Vor allem ist es stark hygroskopisch. Trotzdem wird es zum Apparatebau vielfach in Form von Knöpfchen, Hebeln, Scheiben usw. verwendet.

Für dieselben vorgenannten Zwecke benutzt man auch manchmal Zelluloid, ein Zellulosekörper der Gruppe der Nitrozellulosen. Eine derartige Verwendung von Zelluloid ist jedoch wegen seiner außerordentlichen Feuergefährlichkeit zu verwerfen. Das Material kann zu Röhren, Stäben, Scheiben und Formstücken verarbeitet werden: es ist ein sehr guter Isolator, jedoch wegen seiner explosivartigen Verbrennung, wie gesagt, für den Radiofreund nicht zu empfehlen. Wegen seiner großen Beständigkeit gegen Säuren wird es dagegen heute noch vielfach als Behälter für Taschenakkumulatoren verwendet.

Ein weit praktischerer Isolierstoff wie das Zelluloid ist das Zellon. Es wird in derselben Weise verarbeitet wie Zelluloid; also zu Stäben und Rohren gezogen, zu Platten und Fassonstücken geformt. Gegenüber dem Zelluloid hat es den großen Vorteil, daß es nur schwerlich brennt, und es wird daher überall mit Vorteil dort angewendet, wo man Zelluloid durch nichtbrennbares Material ersetzen möchte; als dünne weiße Scheiben wenn es Glas vertreten soll, als buntes Fensterglas beim Apparatebau, zu Knöpfchen und Hebelchen für Geräte aller Art.

11. Marmor, Holz. Marmor ist ein körnig-kristallinisches Kalziumkarbonat, welches als rein weißes Sedimentgestein bei Carrara in Toskana und bei Laas in Südtirol, farbig am Untersberg bei Salzburg, bei Wunsiedel im Fichtelgebirge, im Fränkischen Jura und an der Lahn gebrochen wird.

Die Isolierstoffe.

Die Verwendung desselben als Schalttafelbaustoff ist von jeher sehr geschätzt worden, einmal des guten Aussehens wegen, sodann auch wegen der im allgemeinen guten Eigenschaften als Nichtleiter. Der Marmor, der für elektrotechnische Zwecke in den Handel kommt, ist für diese bereits von den übrigen Sorten ausgesucht worden. Denn nicht jeder beliebige Marmor läßt sich als Isolierstoff verwenden. Es kommen hier lediglich die hochwertigen Stücke ohne jede Metallader zur Verwendung. Eventuell muß man das Material auf Widerstand messen. Auch in der Funktechnik wird der Marmor fast ausschließlich zum Schalttafelbau verwendet. Bei der modernen Apparatebautechnik wird der Marmor als Isolierstoff immer weniger beansprucht, er dient hier meist nur noch als Baustoff, als Träger der Armatur. In vielen Fällen muß man berücksichtigen, daß der Marmor stark hygroskopisch und gegen Säure empfindlich ist; aus diesem Grunde tränkt man die unpolierten Seiten oftmals mit einem isolierenden Tränkungsmittel. Marmor läßt sich meist wie Metall bearbeiten, also sägen, feilen, bohren, polieren usw. Die elektrischen und mechanischen Daten sind etwa folgende:

Elektrischer Leitwert bei 20^0 C etwa $2\cdot 10^{-14}$ $(\Omega/\text{cm})^{-1}$;

Dielektrizitätskonstante 8;

Oberflächenwiderstand nach längerem Liegen an der Luft etwa $10 \div 30$ MegΩ/cm;

Biegefestigkeit etwa 200 kg/cm²;

Hohen Temperaturen hält Marmor auf die Dauer nicht stand.

Holz soll als Isolierstoff für elektrotechnische Zwecke keine Verwendung finden. So steht etwa in den V. D. E.-Vorschriften. Gewiß hat man damals hauptsächlich an die Bedürfnisse der Starkstromtechnik gedacht. Über die Verwendung von Holz in der Radiotechnik ist schon oft gestritten worden. Die eine Seite steht auf dem Standpunkt, daß gut bearbeitetes imprägniertes Holz etwa dieselben guten elektrischen Eigenschaften aufweise wie beispielsweise Hartgummi, und daß man es deshalb vielfach an Stelle dieses verwenden könne. Die andere Gruppe bestreitet erstens die Möglichkeit Holz in einen hochwertigen und beispielsweise gleichwertigen Nichtleiter wie Hartgummi umwandeln zu können, und sie steht ferner auf dem Standpunkt, daß auch weitere Gesichtspunkte wie Sicherheit in elektrischer Beziehung, Bearbeitbarkeit, Festigkeit und Aussehen dafür sprechen, Holz für Zwecke der Isolation in der Schwachstromtechnik und besonders auch in der Funktechnik vorerst noch auszuscheiden. Letzterer Gruppe schließt sich Verfasser an.

Will man Holz als Nichtleiter verwenden, so muß man es vorher einer umfangreichen Behandlung unterziehen. Präparieren des Holzes mit Paraffin oder Schellack verbessert dieses in elektrischem Sinne, denn Paraffin besitzt einen sehr hohen Oberflächenwiderstand und große Durchschlagsfestigkeit. Leider besitzt Paraffin den Nachteil, daß es nur sehr wenig Wärme verträgt. Um Holz vollständig in einen elektrischen Isolierstoff überzuführen, müßte es derart mit einem hochwertigen Tränkmittel bearbeitet werden, daß seine Fasern völlig damit durchsetzt würden. Das Holzgewebe würde dann nur noch als Träger der Isoliermasse dienen. Um diesem Idealzustand möglichst nahe zu kommen, kocht man das Holz in einem $150 \div 160^\circ$ C heißen Paraffinbade mindestens so lange, bis keine Wasserdampfbläschen mehr entweichen.

Elektrische Daten des Holzes sind:
Elektrischer Leitwert bei 20° C mit 1000 Volt Gleichstrom gemessen:
Mahagoniholz paraffiniert $0,02 \cdot 10^{-12}$ $(\Omega/\text{cm})^{-1}$;
Pappelholz „ $2 \cdot 10^{-12}$ „ ;
Ahornholz „ $30 \cdot 10^{-12}$ „ .
Bei 10° C Temperaturerhöhung ändert sich hier schon die Leitfähigkeit wie $3^1/_2 : 1$.
Oberflächenwiderstand in Luft von ca. $100^0/_0$ Feuchtigkeit in MegΩ/cm:
Mahagoniholz paraffiniert $7\,000$;
Pappelholz „ $2\,000$;
Ahornholz „ $2\,000$.

12. Zellonlack. Für die elektrische Isolierung von Geweben, Papier und Holz benutzt man Lacke aller Art, Gummilösungen, Harze, Wachs, Asphalt und Leinöl. Letzeres wird, wie bekannt, durch Pressen des Flachses hergestellt. Es ist ein gelbes, kältebeständiges Öl mit einem spezifischen Gewicht von etwa 0,93. Der Firnis ist verdichtetes Leinöl, welcher durch längeres Erhitzen desselben auf ca. 250° C erhalten wird. Leinöl kann zu Isolierzwecken deshalb benutzt werden, weil es an der Luft zu einer dünnen, festen isolierenden Schicht erhärtet.

Eine viel größere Bedeutung hat der Zellonlack. Dieser stellt Azetylzellulose mit Kampferersatz in Lösung vor. Prinzipiell unterscheidet man zwei Hauptgruppen: weiche und harte Lacke. Die folgende Tabelle gibt eine gekürzte Zusammenstellung mit Erläuterungen der Zellonwerke Charlottenburg:

Name	Zeichen	Durchschlagsspannung in Kilovolt in einem Raum von 80% relat. Feuchtigkeit
Hartlack	R	2,7
Isolierlack	A.J. 3	2,6
Schutzlack	H.G. 15	2,7
Isolierlack, mittelweich	A.J. 15	3,3
Drahtlack	A.J.D.	2,2
Tauchlack, konz.	H. 30	4,3
Gewebelack, weich farblos	M.W.	1,3
„ „ weiß	H.W. 30	1,8
Lack, säurefest	C.C. 15	2,7
Alum. Grund blau	B.L.	0,8
Rostschutzlack, grau	R.L.	1,4
Imprägnierlack	W.F.O.L.	3,7
„ hart	W.F.	3,2
„ dunkel	W.F. II	3,1

„Die ersten fünf Lacke sind nach der Härte geordnet; die Lacke W.F. unterscheiden sich von den normalen Zellonlacken dadurch, daß sie weniger zur Schichtbildung neigen, die Gewebe also mehr in der Art von Öllacken durchtränken und auch auf Öllack-Isolierungen, zum Teil sogar auf Wachsisolierungen gut haften. Je weicher die Zellonschicht ist, desto geringer ist die Isolationsfähigkeit, aber desto größer ist naturgemäß die Dehnbarkeit, so daß ein harter Zellonlack auf einem Draht diesen in einer hervorragenden Weise isolieren und gegen alle äußeren Einflüsse schützen, beim Umknicken des Fadens aber vielleicht reißen würde, während ein weicher Lack jede Biegung aushalten, aber nicht so gut isolieren würde. Papier oder Gewebe mit sehr hartem Zellonlack behandelt würde dieses zwar kräftig isolieren, aber derart hart und steif werden, daß es sich kaum biegen lassen würde. Dagegen mit einem weichen Lack behandelt, bekäme man ein biegsames weniger gut isolierendes Material. Zelloniert man jedoch zuerst mit einem weichen Zellonlack und dann mit einem harten, so erhält man eine Doppelschicht von großer Dehnbarkeit einerseits und großer

Oberflächenhärte andererseits. Je härter die Zellonschicht ist, desto schlechter haftet sie auf einem harten Untergrund, je weicher, desto besser."

Die Zellonlacke trocknen bei gewöhnlicher Lufttemperatur, während die meisten Öllacke einer Ofentrocknung bei 150 bis 200° C unterworfen werden müssen. Emailleartige Überzüge stellt man durch Verwendung konzentrierter Zellon-Tauchlacke her. Man taucht den zu zellonierenden Gegenstand ein- oder mehrmals und erzielt so 0,5 ÷ 1 mm starke gut isolierende Schichten, die die betreffenden Gegenstände so gleichmäßig umhüllen, daß man nicht mehr erkennen kann, woraus das Material besteht.

In der Hochfrequenztechnik wird Zellonlack viel gebraucht. Beim Bau von Variometern und Variokopplern erübrigt sich ein die Wicklung besonders tragender Körper. Taucht man nämlich eine beliebige Form von Spulen in Zellonlack und läßt sie dann trocknen, so erhält man einen sehr festen Spulenaufbau, der der weiteren mechanischen Versteifung nicht mehr bedarf. Gießt man Zellonlack auf eine Glasplatte, so erhält man nach dem Verdunsten des Lösungsmittels eine feste Zellonfolie, welche beim Bauen von Blockkondensatoren u. dgl. mehr Verwendung findet. Zum Vergießen von Blockkondensatoren und sonstigen zu isolierenden Hohlräumen benutzt man einen besonderen Zellonvergußlack, den man auch noch zum Überziehen von Widerständen, Silitstäben, zur Konstanthaltung ihres Wertes benutzen kann.

Elektrische Werte von Zellon (hell):
Dielektrizitätskonstante 3,5.
Dielektrischer Leistungsfaktor bei 20° C und 1000 Frequenz: 0,0330.

C. Elektrizitätsleiter.

1. Das Eisen. Das technische Eisen ist eine Legierung, die außer Eisen in der Hauptsache Kohlenstoff, Mangan, Silizium, Phosphor und Schwefel enthält. Den wesentlichsten Einfluß übt der Kohlenstoff aus, der im Eisen entweder chemisch gebunden, oder in freiem Zustand enthalten ist. Läßt man das Eisen langsam abkühlen, so scheidet sich Eisenkarbid in fester Form als sogenannte Karbidkohle aus. Erfolgt die Abkühlung plötzlich, so bleibt das Eisenkarbid gelöst und wird Härtungskohle genannt, da es dann die Härte des Eisens wesentlich bestimmt. Besitzt das Eisen mehr als $1{,}7\,^0/_0$ Kohlenstoff, so bezeichnet man es als Roheisen, hat es weniger, so wird es schmiedbares Eisen genannt. Das schmiedbare Eisen, welches in teigigem Zustand erzeugt wurde, nennt man Schweißeisen bzw. Schweißstahl, wenn es gehärtet ist; wenn es dagegen im flüssigen Zustande erzeugt wurde, Flußeisen bzw. Flußstahl. Schweißeisen und Flußeisen bezeichnet man auch gemeinsam als Schmiedeeisen, Schweißstahl und Flußstahl kurzweg als Stahl. Alles technisch verwertete Eisen wird aus Eisenverbindungen, den Eisenerzen wie Magneteisenstein, Roteisenstein, Brauneisenstein usw. hergestellt.

Das Eisen sowie auch die übrigen Metalle lassen sich auf Grund ihrer Dehnbarkeit unter Einwirkung von Zug-, Druck- oder Biegungskräften weiter verarbeiten. Die Beanspruchung des Materials liegt hierbei stets über der Elastizitäts- und unterhalb der Bruchgrenze. Da durch Erhitzen der Metalle im allgemeinen ihre Dehnbarkeit wächst, so verarbeitet man auch das Eisen meistens im warmen Zustande durch Walzen, Ziehen, Pressen und Hämmern. Beim Walzen kommen die Blöcke mit etwa $0{,}1 \div 0{,}6\,^0/_0$ Kohlenstoff beim Flußeisen und Flußstahl zwischen zwei wagrecht liegenden, zylindrischen, sich in entgegengesetzter Richtung drehenden Walzkörpern und erfahren so eine Streckung in der Längsrichtung und zugleich eine Querschnittsverringerung. Die Walzen sind mit Einschnitten, Kalibern, versehen, wodurch die jeweils gewünschten Eisenprofile wie Rundeisen, Flacheisen usw. erhalten werden. Nur bei der Blechherstellung haben die Walzen eine glatte Oberfläche. Das Material breitet sich hier nach den Seiten ungehindert, aber ungleichmäßig aus. Die Ränder werden nachher mit der Schere glatt geschnitten. Grobblech-Walzwerke verarbeiten „Brammen", d. h. kleinere Blöcke in flacher rechteckiger Form. Feinblech-Walzwerke verarbeiten „Platinen", d. h. Flacheisen von $150 \div 200$ mm Breite und $10 \div 20$ mm Dicke. Man walzt in einfachen Duo-Walzwerken (Unter- und Oberwalze), deren Oberwalze durch Handräder bis auf etwa $1^1/_2$ mm heruntergeliert werden kann. Um dünnere Bleche zu erzeugen, legt man mehrere aufeinander, „Doppeln" genannt, walzt wieder bis auf $1^1/_2$ mm herunter, und zwar in schwacher Rotglut, damit die Bleche nicht zusammenschweißen. Alle dünnen Bleche werden infolge der niedrigen Walztemperatur hart und spröde, müssen daher ausgeglüht werden. Zuletzt wird der Rand der fertigen Bleche, wie bereits oben bemerkt, mit Scheren beschnitten.

In entsprechender Weise werden auch Kupferbleche in Rotglut ausgewalzt.

Draht-Walzwerke stellen kleinere Rundeisen, bis auf 5 mm Durchmesser herab, her. Diese dünnen Rundeisen werden zu weiterem dünneren Draht gezogen. Zu diesem Zwecke wird der vorher zugespitzte Rundeisenstab durch ein in einer Stahlplatte hergestelltes „Ziehloch" von kleinerem als dem Rundeisen-Durchmesser gezogen. Die Querschnittsverringerung bei einem Durchgang richtet sich hauptsächlich nach der Beschaffenheit des Rohstoffes. Der „Verdünnungsfaktor", d. h. das Verhältnis der Drahtdurchmesser nach und vor dem Ziehen beträgt bei weichem Schmiedeeisen etwa 0,9, bei Stahl 0,95, bei Kupfer und Messing 0,925. Das Ziehloch soll eine nach der Austrittsseite des Drahtes sich verjüngende Form und abgerundete Ecken haben, um den Materialdurchgang zu erleichtern. Eine Anzahl Ziehlöcher sitzen im Zieheisen, das als englisches-, deutsches- oder Wienereisen ausgeführt wird. Meist werden englische Zieheisen benutzt, die aus naturhartem Stahl bestehen und deren Ziehlöcher durch Eintreiben polierter Dorne hergestellt werden. Bei den deutschen Zieheisen müssen die Löcher in die Werkzeug-Stahlplatte eingebohrt und eingeschliffen werden. Die Wienereisen sind den deutschen ähnlich. Für feine Drähte benutzt man Diamantziehlöcher. Der durchbohrte Diamantstein ist in Messingscheiben und diese sind wieder in Stahlbolzen vergossen. Um eine gleichmäßige Abnutzung der Diamanten zu erzielen, werden sie oft zwangläufig mit Hilfe von Zahnrädern gedreht. Man bedient sich beim Drahtziehen der sogenannten Leierziehbänke. Je nach der Stärke des verarbeiteten Drahtes nennt man die Ziehbänke Grob-, Mittel-, Fein- und Kratzenzüge. Eisen- und Stahldraht zieht man in Grobzügen von $13 \div 3$ mm herunter (Nr. $130 \div 30$ der „Drahtlehre"), dann in Mittelzügen von $3 \div 1,6$ mm, in Feinzügen von $1,8 \div 0,6$ mm und in Kratzenzügen, wenn nötig noch von

0,7 ÷ 0,2 mm herab. Die Ziehgeschwindigkeit beträgt zwischen 0,8 ÷ 1,7 m pro Sekunde. Kupfer- und Messingdrähte usw. werden auf denselben Ziehbänken gezogen. Die Geschwindigkeit ist größer, etwa 2 ÷ 4 m pro Sekunde, und man kann Drähte bis 0,04 mm herunter ziehen.

Eisenblech hat einen spezifischen Widerstand von etwa 0,13, einen Temperaturkoeffizienten, auf 15^0 C bezogen, von 0,0046, eine elektrische Leitfähigkeit von 7,7 und ein spezifisches Gewicht von 7,86. Bei legiertem Eisenblech mit etwa $2^0/_0$ Si-Gehalt: spezifischer Widerstand 0,36, Leitfähigkeit 2,8. Eisendraht hat im Mittel folgende Werte: spezifischer Widerstand 0,143, Temperaturkoeffizient, auf 15^0 C bezogen, 0,0047, Leitfähigkeit 7. Betr. Verlustzahlen siehe unter Abschnitt Tabellen.

2. Das Blei. Es wird aus den Bleierzen, dem Bleiglanz, PbS, der meist von Kupferkies, Eisenkies und Zinkblende begleitet ist, gewonnen. Die Fundstätten in Deutschland sind das Erzgebirge, Oberschlesien, Harz, Siegerland und die Eifel. Sie sind der Erschöpfung nahe, während Nordamerika, Mexiko, Spanien und Australien noch reiche Lager besitzen. Der wirkliche Bleigehalt beträgt meist nur $2 \div 10^0/_0$. Das Blei wird verhüttet, sodann einer Raffination unterworfen und kommt alsdann in den Handel. Handelsblei hat einen Bleigehalt von $99,99^0/_0$, hat bläulichweiße Farbe, ein spezifisches Gewicht von 11,34 und schmilzt bei 327^0 C. Sein spezifischer Widerstand ist 0,2, die Leitfähigkeit 5,0 und sein Temperaturkoeffizient, auf 15^0 C bezogen, 0,037. Es ist gegen Salzsäure und Schwefelsäure sehr widerstandsfähig, wenig gegen organische Säuren (Essigsäure). In der Funktechnik werden große Mengen Blei zu Bleiplatten für Akkumulatoren und zu Bleikabeln verwendet. Feine Bleidrähte kann man auch als Abschmelzsicherungen gebrauchen.

3. Das Zink. Das wichtigste Erz ist die Zinkblende, ZnS, mit $67,1^0/_0$ Zn, welches ebenfalls in den vorgenannten Ländern vorkommt. Das Zink wird aus den Erzen durch Rösten und reduzierendes Schmelzen gewonnen. So erhaltenes Rotzink wird durch Umschmelzen in einem Flammofen raffiniert, aus welchem sich das Raffinierzink mit $0,8 \div 2,1^0/_0$ Pb und höchstens $0,02^0/_0$ Fe ergibt. Reines Feinzink mit $99,8 \div 99,9^0/_0$ Zn erhält man durch nochmaliges Destillieren des Raffinierzinks. Zinkstaub enthält $70 \div 90^0/_0$ Zn. Er wird in Farbwerken als

Anstrichfarbe usw. verwendet. Zink hat eine bläulichweiße Farbe, ein spezifisches Gewicht von 7,1 und schmilzt bei 419° C. Sein spezifischer Widerstand beträgt 0,0625, die Leitfähigkeit 16,0 und der Temperaturkoeffizient 0,0039, auf 15° C bezogen. Es wird manchmal in Drahtform an Stelle von Kupfer und Eisen verwandt. Weiter sind Zinkröhren, Zinkrinnen, Zinkplatten für galvanische Elemente und die Anwendung bei der elektrolytischen Verzinkung erwähnenswert.

4. Das Zinn. Zinnstein, SnO_2, wird als „Bergzinn" aus kristallinischen Gesteinen im Erzgebirge und in Cornwall gewonnen. Der Gehalt an Zinn beträgt bei diesem Erz 0,3 ÷ 2°/₀. Die Zinnerze werden im Flammofen geröstet und in Schachtöfen oder auch wiederum in Flammöfen reduzierend verschmolzen. Aus den zinnreichen Platten gewinnt man das Zinn durch Zersetzung der Schlacke mittels Eisen. Die Raffination des Rotzinns erfolgt durch „Seigern" in kleinen Flammöfen. Dem Seigern folgt das „Polen", eine oxydierende Reinigung des in Eisenkesseln hoch erhitzten Metalles mit Hilfe grüner Holzstangen. Raffiniertes Zinn enthält 99,6 ÷ 99,9 °/₀ Sn, raffiniertes Bankazinn, aus dem Geröllgestein der Flußläufe in Banka und Billiton, Ostindien, gewonnen, sogar bis 99,99°/₀ Sn. In Deutschland und Nordamerika spielt in neuerer Zeit auch die Gewinnung von Zinn aus Weißblechabfällen eine Rolle. Der spez. Widerstand beträgt 0,11 ÷ 0,14, die Leitfähigkeit 8 ÷ 9 und der Temperaturkoeffizient, auf 15° C bezogen, 0,0045.

Handelszinn kommt in Stangen, meist jedoch in Barren als Straits-, Bankazinn usw. in den Handel, ist silberweiß, hat ein spezifisches Gewicht von 7,28 und einen niedrigen Schmelzpunkt von nur 232° C. Es ist weich, sehr geschmeidig und dehnbar und läßt sich zu dünnen Plättchen auswalzen oder aushämmern, also zu Stanniol verarbeiten. Zinn wird zum Verzinnen anderer Metalle benutzt und zur Herstellung von Lötlot.

5. Das Aluminium. Das zu verarbeitende Erz ist Bauxit, $Al_2O_3 \cdot 2\,H_2O$, wird in Süd-Frankreich (Baux), in Italien, Ungarn, Irland und in geringen Mengen in Hessen gefunden. Aluminium wird heute nur nach dem Verfahren von Héroult durch Elektrolyse im Kryolithbade geschmolzener Tonerde mit Hilfe von Kohlenanoden und Kohlenkathoden gewonnen. Der rohe Bauxit ist hierzu erst zu rösten und mit Natronlauge zu kochen, wodurch reine Tonerde erhalten wird. Die jetzt benutzten Aluminiumbäder bestehen aus schmiedeeisernen viereckigen Kästen, in deren Boden Kohlenblöcke sitzen. Der Raum zwischen diesen Blöcken und der Seitenwandung wird mit Kohlemasse ausgestampft. In das Bad ragen 6 Kohleelektroden, denen der Strom durch Kupferstangen zugeführt wird. Zunächst wird ein Gemisch von $80 \div 90^0/_0$ Kryolith und $10 \div 20^0/_0$ Tonerde durch Widerstandserhitzung bei etwa 950^0 C eingeschmolzen. Dann beginnt die Elektrolyse. Die im Kryolith aufgelöste Tonerde wird zerlegt. Über der Kathode sammelt sich das flüssige Aluminium an und es wird von hier aus abgeschöpft und in eiserne Formen gegossen. Die Stromstärke beträgt etwa 8000 Ampere, die Spannung 6 Volt, der Verbrauch an Kryolith $10^0/_0$ und an Elektrodenkohle werden $65^0/_0$ des erzeugten Aluminiums verbraucht. Man erzielt eine durchschnittliche Ausbeutung von 300 kg Aluminium auf ein Kilowatt-Jahr, entsprechend 29,2 Kilowatt-Stunden zur Erzeugung von 1 kg Aluminium. Billige elektrische Kraft ist daher Vorbedingung für eine wirtschaftliche Ausbeutung. Aluminium wird in dieser Weise hergestellt in den Werken in Neuhausen-Rheinfelden, am Niagara, im Lauta-Werk, welches in unmittelbarer Nähe von Ton- und Braunkohlelagern liegt, und im Erftwerk bei Grevenbroich.

Das Aluminium kommt meistens in Form kleiner Barren in den Handel und enthält in den guten Sorten $99,3 \div 99,9^0/_0$ Al, hat weiße Farbe, ein spezifisches Gewicht von 2,7 und der Schmelzpunkt liegt bei 657^0 C. Es ist schmiedbar, streckbar, hämmerbar und läßt sich zu dünnem Draht ziehen und zu feinstem Blech auswalzen. Die elektrische Leitfähigkeit ist 32,3, der spezifische Widerstand 0,031 und der Temperaturkoeffizient 0,0037 auf 15^0 C bezogen; es wird viel zum Instrumentenbau und zur Herstellung von Legierungen verwandt. In der Funktechnik wird Aluminium in vielen Formen benutzt. Man bekommt es in allen Dicken bis herab zur dünnsten Folie, die für Blockkondensatoren und zum Bekleben der Kästen zwecks Schutz vor Kapazitätsbeeinflussung geeignet ist. Im übrigen werden Aluminiumbleche und -teile zum Aufbau von Drehkondensatoren, Spulenhaltern, Telephonhörern und sonstigen Armaturen viel verwandt.

Das Nickel. — Das Kupfer und seine Legierungen.

6. Das Nickel. Es wird aus Nickelerzen gewonnen, wird durch Zusatz von Gips und Kalk in einen schwefelhaltigen Rohstein und dann in einen Konzentrations- und Feinstein übergeführt. Das entstandene Nickeloxydul wird mit Kohle reduziert. Man erhält Würfelnickel mit 98 $\div$ 99 $^0/_0$ Ni, 1 bis 1,5 $^0/_0$ Co, 0,3 $\div$ 0,5 $^0/_0$ Fe. Die Reinigung des Würfelnickels erfolgt durch ein oxydierendes Schmelzen. Reinnickel hat etwa 99,5 $^0/_0$ Ni, der Rest ist hauptsächlich Kobalt.

Nickel ist stark glänzend, hat ein spezifisches Gewicht von 8,8 und schmilzt bei 1452 ^{0} C. Sein spezifischer Widerstand ist 0,10, die Leitfähigkeit 10,0 und der Temperaturkoeffizient, auf 15 ^{0} C bezogen, 0,0042. Es läßt sich zu dünnen Blechen auswalzen. An feuchter Luft ist Nickel sehr beständig, daher wird es gern als schützender Überzug durch elektrolytische Vernickelung von Metallwaren aller Art benutzt. In der Schwachstromtechnik hat es noch eine besondere Bedeutung durch seine Verarbeitung zu hochwertigen Nickellegierungen, welche zu Widerstandsdrähten vielfach verwendet werden. Die Firma Basse & Selve in Altena i. W. fabriziert in ihren eigenen Hüttenbetrieben Anoden aus reinem Nickel sowohl gewalzt, als auch gegossen, in allen gebräuchlichen Formen und Abmessungen.

7. Das Kupfer und seine Legierungen. Beide Stoffe werden in der Elektrotechnik und speziell auch in der Funktechnik in großen Mengen verarbeitet, und es ist daher notwendig, zur Beurteilung derselben sich über Herkommen, Verarbeitung, Sorteneinteilung und Verwendungsmöglichkeiten dieser wichtigen Metalle zu unterrichten.

Das Kupfer wird aus den Kupfererzen, von denen das bedeutendste der Kupferkies mit 34,57 $^0/_0$ Kupfer ist, gewonnen. Gewöhnlich ist dieser Kies gemengt mit Eisen- und Arsenkies, so u. a. bei Mansfeld, in Norwegen, Schweden, Spanien, am Ural und in Nordamerika. Ein anderes Kupfererz ist das Rotkupfererz, welches in Australien, in Neu-Mexiko und Arizona vorkommt. Der wirkliche Kupfergehalt der meisten Erze ist infolge der Beimengungen nur 0,5 $\div$ 3,5 $^0/_0$.

Die Gewinnung des Kupfers erfolgt bei den meistens vorkommenden geschwefelten Erzen, zu welchen fast immer auch oxydische zugesetzt werden, vielfach im Schachtofen oder nach englischer Art im Flammofen. Das Raffinieren erfolgt durch ein oxydierendes Schmelzen im Flammofen, und das Endprodukt bezeichnet man mit **Hammergares-** oder **Raffinadkupfer** mit $99,5 \div 99,8\%$ Kupfer. Ein großer Teil des Kupfers wird in neuerer Zeit auch elektrolytisch raffiniert. Als Anode dient das Rohkupfer, als Kathode dienen Feinkupferbleche, an denen sich das Kupfer der Anode niederschlägt; als Elektrolyt wählt man eine Kupfersulfatlösung mit $5 \div 10\%$ Schwefelsäure. Elektrolytkupfer ist äußerst rein; es besitzt z. B. $99,95\%$ Cu, $0,035\%$ Si, $0,0025\%$ S, $0,003\%$ Ag.

Die üblichen Handelsmarken des Rohkupfers sind: Mansfeld-Raffinade, Chile-Kupfer in Barren (Chilibars), amerikanisches Seenkupfer (Lake-), Elektrolytkupfer usf., sämtlich mit über $99,5\%$ Kupfer. Reines Kupfer hat rote Farbe, feinkörnigen, glänzenden Bruch, spezifisches Gewicht von 8,93 und schmilzt bei $1084\,^{\circ}$ C. Sein spezifischer Widerstand beträgt 0,0162, seine Leitfähigkeit etwa 62 und sein Temperaturkoeffizient, auf $15\,^{\circ}$ C bezogen, 0,0040. Das Material läßt sich nur sehr schwer gießen, dafür aber in warmem und kaltem Zustande durch Hämmern gut zurichten. Kupfer besitzt große Leitfähigkeit für Wärme und den elektrischen Strom, ist schwer schweißbar, aber mit Weichlot und Hartlot gut zu löten. An feuchter Luft überzieht es sich allmählich mit einer grünen Schicht von basischem Kupferkarbonat (Patina), die aber das darunter liegende Metall vor weiterer Oxydation schützt. Durch Einwirkung von Essigsäure entsteht ein Überzug von Grünspan (basisches Kupferazetat).

In der Schwachstromtechnik findet Kupfer vor allem Verwendung zur Fortleitung der Elektrizität. Als **Leitungskupfer** bezeichnet man nach dem V.D.E. solches, welches bei $1\,\text{mm}^2$ Querschnitt, 1 km Länge und $20\,^{\circ}$ C keinen höheren Widerstand als 17,84 Ohm hat, und welch letzterer um 0,068 Ohm für $1\,^{\circ}$ C Temperaturzunahme steigt. Für Schwachstrom- und Starkstromzuleitungen darf nur Leitungskupfer verwendet werden (siehe V.D.E.-Vorschriften).

Das Kupfer wird vom Barren ab in allen zur Fortpflanzung des Stromes dienenden Formen, wie Drähte, Litzen, Schnüre, Emailledrähte, Schwachstrom- und Hochspannungskabel, Rund- und Profilkupfer und zu Sahienen verarbeitet. Die Umspinnung der blanken Kupferleitung geschieht auf mannigfache Art und Weise mit den verschiedensten Isolierstoffen. Man unterscheidet:

Kupferdraht ein- oder zweimal mit Baumwolle umsponnen,
„   „   „   „   „ Seide   „
„   mit Papierumhüllung mit oder ohne Tränkung.
„   wie vorher, jedoch mit ein- oder zweifacher Baumwollenumspinnung hinzu.

Kupferdraht umsponnen und gewachst,
„   emaillliert,
„   „   mit ein- oder zweifacher Baumwoll- oder Seidenumspinnung; oder mit Baumwolle und Seidenumspinnung.

Kupferdraht feuerverzinnt mit Umhüllung aus rotem vulkanisiertem Gummi, worüber sich eine ein- oder zweifache Baumwollumklöpplung befindet (Gummiaderdraht).

Kupferschnüre, geeignet zum Anschließen beweglicher Kontakte. Die Kupferseele besteht aus verseilten Drähten von höchstens 0,2 mm Durchmesser. Der Gesamtquerschnitt der Seele beträgt hier immer mindestens 0,3 mm^2. Die Kupferseele wird mit Baumwolle-Längsfäden umgeben und dann mit Glanzgarn und Seide umsponnen oder umklöppelt. Zwei oder mehrere solcher Adern sind immer mit einer besonderen Tragschnur verseilt.

Kupferkabel mit oder ohne Bleimantel sind für die gleichen Zwecke wie die Einzeldrähte, aus denen ein solches Kabel zusammengesetzt ist, bestimmt. Die einzelnen Leiter sind so gekennzeichnet, daß sie ohne weiteres voneinander zu unterscheiden sind.

Kupferne Antennenlitze aus hartem Elektrolytkupfer.

Das Kupfer wird auch vielfach zu Blechen ausgewalzt. Als solches hat es Verwendung im Elektro-Apparatebau, und zwar werden aus ihm Schaltermesser, Federn, Fassungen usw. hergestellt.

Kupferlegierungen werden in großer Zahl zu den verschiedensten Zwecken verwendet. Man erzeugt sie, indem man die abgewogenen Mengen der Urmetalle durch Schmelzen in eisernen Kesseln, Tiegeln, im Großbetrieb auch in Flammöfen oder in Elektroöfen vereinigt. Die Zerreißfestigkeit des Kupfers wird durch Zusatz von Phosphor, Mangan, vor allem aber von Zinn, Zink und Aluminium wesentlich erhöht. Das Leitungsvermögen für Wärme und Elektrizität ist bei Legierungen fast stets geringer als bei reinen Metallen. Die Widerstandsfähigkeit gegen chemische Einflüsse wird durch Zusätze bald erhöht, bald erniedrigt. Günstig ist im allgemeinen ein hoher Antimon-, Blei- und Nickelgehalt, schädlich ein hoher Zinkgehalt.

Kupfer-Zinn-Legierungen (Bronzen). Sie sind dicht im Guß, zum Teil schmiedbar, hart, politurfähig und von rotgelber Farbe (elektrische Daten s. unter Tabellen).

Phosphorbronze soll etwa $84 \div 90^0/_0$ Cu, $16 \div 10^0/_0$ Sn (manchmal auch Zinkzusatz) enthalten. Der Phosphorgehalt soll nicht über $0{,}05 \div 0{,}1^0/_0$ betragen. Das Material besitzt große Festigkeit, Härte und Dehnbarkeit.

Siliziumbronze hat $91 \div 99{,}9^0/_0$ Cu, $0{,}03 \div 9{,}0^0/_0$ Sn, $0{,}03 \div 0{,}05^0/_0$ Si. Sie ist noch zäher als Phosphorbronze und wird vor allem als Telephondraht und Kabel benutzt. Ein Si-Gehalt von $0{,}05^0/_0$ setzt die elektrische Leitfähigkeit der Bronze schon um $1/_3$ derjenigen des reinen Kupfers herunter.

Spiegelbronze, ist in der Zusammensetzung von $68{,}21^0/_0$ Kupfer und $31{,}79^0/_0$ Sn am besten politurfähig und wird als Spiegel hochwertiger (astronomischer) Instrumente benutzt.

Kupfer-Zink-Legierungen. Diese sind gut gießbar, zum Teil schmiedbar, geschmeidiger und daher leichter zu bearbeiten als die Bronzen. Die Farbe ist rötlich bis gelb, so beim Messing.

Messing, $57 \div 70^0/_0$ Cu, $43 \div 30^0/_0$ Zn, manchmal etwas Zinn- und Bleizusatz (siehe Tabelle 10), ist sowohl gut gießbar, wie auch in kaltem Zustand hämmerbar, walzbar und ziehbar.

Walzmessing erhält weniger, Gußmessing etwas mehr Zinkgehalt. Ersteres wird für Röhren und Drähte benutzt.

Nickel-Kupfer-(Zink-)Legierungen. Eine solche Legierung ist z. B. das Neusilber mit etwa $60^0/_0$ Cu, $20^0/_0$ Ni und $20^0/_0$ Zn in Blechform; zum Gießen wählt man $52 \div 63^0/_0$ Cu, $22 \div 6^0/_0$ N und $26 \div 31^0/_0$ Zn. In solcher Zusammensetzung wird es in Platten gegossen, dann ausgewalzt und durch Prägen, Treiben in kaltem Zustande weiter verarbeitet. Es hat gelblichweiße Farbe und die nickelreicheren Sorten sind gut säurebeständig.

Zu Drähten für elektrische Widerstände werden Nickellegierngen benutzt, deren spezifischer Leitungswiderstand sehr hoch ist und sich mit wechselnder Temperatur nur wenig ändert, so u. a.

Konstantan, 60% Cu, 40% Ni.
Manganin, 83% Cu, 4% Ni, 13% Mn oder 58% Cu, 41% Ni und 1% Mn.
Platinoid, 55,5% Cu, 22% Ni, 22% Zn, 0,5% W.
Nickelin, 56% Cu, 31% Ni, 13% Zn oder 68% Cu und 32% Ni.
Nickellegierung für elektrische Widerstände 88% Ni, 4% Al, 8% Cr (siehe Tabellen Abschn. V).

8. Leicht schmelzbare Legierungen. Als solche sind bekannt:

Rosesches Metall: 25% Sn, 25% Pb, 50% Bi, Schmelzpunkt 110° C.

Wood-Metall: 12,5% Sn, 25% Pb, 50% Bi, 12,5% Cd, Schmelzpunkt 70° C.

Lipowitz-Metall: 13,3% Sn, 26,7% Pb, 50% Bi, 10% Cd, Schmelzpunkt 60% C.

Letzteres Metall wird mit Vorteil zum Eingießen von Detektorkristallen benutzt. Die Leichtflüssigkeit dieser Legierungen wird durch den Zusatz von Wismut und vor allem von Kadmium erzielt.

9. Das Kobalt, Antimon, Wismut, Mangan. a) Kobalt wird aus Kobalt-Mangan-Erz, welches etwa $3 \div 6\%$ Co enthält, in Neu-Kaledonien oder aus Kobalt-Nickel-Arseniden in Nord-Kanada in ähnlicher Weise wie das Nickel gewonnen. Das Metall sieht rötlichweiß aus, hat ein spezifisches Gewicht von 8,6 und einen Schmelzpunkt von 1478° C.

b) Antimon ist im Antimon-Glanz enthalten, welch letzterer in China und Japan vorkommt. Es wird durch Rösten und reduzierendes Schmelzen gewonnen und dann noch raffiniert. Antimon sieht silberweiß aus, hat ein spezifisches Gewicht von 6,6, einen Schmelzpunkt von 631° C. Es wird fast nur zu Legierungen benutzt, die es hart machen.

c) Wismut findet sich gediegen, ferner im Wismut-Glanz und im Wismut-Ocker. Die Hauptfundorte sind Bolivien, Australien, sächsisches Erzgebirge und Böhmen. Es wird wie oben gewonnen. Das spezifische Gewicht beträgt 9,8, der Schmelzpunkt liegt bei 268° C. Es wird zur Herstellung von Schnellot und leicht schmelzbaren Legierungen verwendet.

d) **Mangan** wird aus Mangan-Erzen direkt im Eisenhochofen zur Herstellung von Spiegeleisen und Ferromangan verhüttet; mit 97 °/₀ Mn wird Mangan nach dem Goldschmidtschen aluminothermischen Verfahren aus Braunstein, MnO_2, hergestellt. Letzteres hat die Neigung seinen Sauerstoff abzugeben und wird daher zur Umwicklung des positiven Poles in den Leclanché-Elementen benutzt. Mangan ist rötlich glänzend, hart und spröde und hat ein spezifisches Gewicht von 7,4, sein Schmelzpunkt ist 1260° C. Die meisten Legierungen werden unter Zusatz von Mangan hergestellt.

10. Chrom, Wolfram, Molybdän, Titan, Vanadium. a) **Chrom** wird aus Chromeisenstein, welches am Ural, in Norwegen und Kalifornien vorkommt, durch Reduktion in kleinen Hochöfen oder Elektroöfen auf Ferrochrom verschmolzen. Es hat weißlichen Glanz, spezifisches Gewicht von 6,7, Schmelzpunkt 1520° C.

b) **Wolfram** wird aus Wolframit $FeWO_4$ und Scheelit $CaWO_4$, welches in Kanada und Kalifornien vorkommt, auf Wolframsäure WO_3, und von dieser auf Wolfram oder Ferrowolfram verarbeitet. Es ist ein graues Pulver, sehr hart, hat ein spezifisches Gewicht von 19,1 und den höchsten Schmelzpunkt von allen Metallen, nämlich 3350° C. Es wird für die Fabrikation von Schnelldrehstählen und vor allem für die Herstellung von Drähten der Elektronenröhren verwendet.

c) **Molybdän** entsteht aus dem Molybdänglanz, welcher durch Rösten und Glühen mit Kohle pulveriges Metall oder Ferro-Molybdän ergibt. Es hat ein spezifisches Gewicht von 9 und einen Schmelzpunkt von 2550° C und wird als Zusatz vieler Legierungen gebraucht.

d) **Titan** wird aus Titansäure rein oder aus Ferro-Titan und zwar im elektrischen Ofen gewonnen. Spezifisches Gewicht 4,5, Schmelzpunkt 1795° C.

e) **Vanadium** entsteht aluminothermisch aus Vanadium-Säure, sein spezifisches Gewicht beträgt 5,5 und der Schmelzpunkt ist 1720° C.

11. Platin, Osmium, Tantal. a) **Platin** findet sich in Form von Körnern in den Geröllablagerungen. Das meiste Platin kommt vom Ural, wo teils durch Hand, teils durch Maschinen-Bagger-Arbeit der auflagernde Abraum weggeschafft, die Platinkörner enthaltende Schicht abgebaut und einem Waschprozeß unterzogen wird. Die ausgesonderten Körner, das Rohplatin, enthalten etwa 70÷85 % Platin und werden hauptsächlich in Petersburg, London, Paris, sowie in Deutschland von Heraeus in Hanau auf „Feinplatin" verarbeitet. Letzteres ist ein bläulichweißes, sehr zähes und geschmeidiges Metall, spezifisches Gewicht 21,4, Schmelzpunkt 1755° C. Das Material läßt sich hämmern, schweißen, walzen und zu Draht ziehen. In der Elektrotechnik wird es für Elektroden, für galvanische Elemente, für Verstärker-Lampendrähte, zum Plattieren von Messing und Bronze, für Instrumente und zur Herstellung der elektrischen Pyrometer verwendet. — Grünes Bariumplatincyanür, $BaPt(CN)_4$, zeigt starke Phosphoreszenzerscheinungen und dient zur Erkennung kleinster elektrischer Wellen, den Röntgen- und Uranstrahlen, da es auch durch diese zum Leuchten angeregt wird.

b) Osmium entsteht aus dem Osmiumtetroxyd und wird für Drähte von Verstärkerröhren benutzt. Das spezifische Gewicht beträgt 22,5, der Schmelzpunkt liegt bei 2500° C. Ausdehnungskoeffizient $= 679 \cdot 10^{-8}$ bei 50° C, Härte $= 7,5$; spezifische Wärme für das Intervall 19÷98° ist 0,03113; elektrische Leitfähigkeit $= 10,53 \cdot 10^4$ bei 20° C.

c) Tantal wird aus Tantaloxyd hergestellt. Sein spezifisches Gewicht beträgt 16,6, der Schmelzpunkt 2850° C, weshalb es ebenfalls zum Bau von Verstärkerröhren geeignet ist.

12. Quecksilber. Es findet sich zuweilen bei gewöhnlicher Temperatur als einziges flüssiges Metall in kleinen Tröpfchen in älteren Gesteinen in Rhein-Bayern, Kernten (Tirol) u. a. vor. Auch mit Silber oder Gold legiert kommt es vor als Amalgam in gewissen Fahlerzen, am häufigsten mit Schwefel verbunden als Zinnober HgS mit 86,3 % Quecksilber. Die Gewinnung des Quecksilbers ist sehr einfach, weil das Erz, der Zinnober, leicht zerlegt und das Metall durch Destillation ziemlich rein abgeschieden werden kann. Reines Quecksilber ist fast zinnweiß, in sehr dünnen Schichten violettblau durchscheinend, es hängt sich nicht an die Wandungen der Gefäße und seine Oberfläche bleibt beim Fließen vollkommen abgerundet. Es erstarrt unter beträchtlicher Zusammenziehung bei $-38,85°$ C, ist dann geschmeidig und weich wie Blei, bei $+40°$ C verdampft es schon bemerkbar. Das spezifische Gewicht ist 13,59, sein spezifischer Widerstand = 0,9532, Leitfähigkeit 1,049 und der Temperaturkoeffizient, auf 15° C bezogen, 0,00087. Durch Verreiben mit Zucker, Schwefel, Fett und durch Schütteln mit Chlorkalziumlösung, Salpeterlösung oder Essigsäure kann es äußerst fein verteilt werden. Das Material hält sich an der Luft unverändert. In der Schwachstromtechnik wird Quecksilber benutzt als Kontaktgeber in den Schaltwippen, das sind doppelpolige Schalter für kleine Stromstärken, die die Richtung des Stromes in einem Stromkreis wechseln lassen. (Abb. 2.) Überhaupt kann Quecksilber immer mit Vorteil dort angewendet werden, wenn es sich um schnell lösbare Kontaktgebung bei kleinen Stromstärken handelt. Quecksilber wird auch in den bekannten Quecksilberdampf-Gleichrichtern benutzt.

13. **Silber.** Das Metall findet sich gediegen in Platten, eingesprengt, oft mit vielen Beimengungen, in Erzgängen vor. In der Technik löst man käufliches Silber in konzentrierter Schwefelsäure und das erhaltene Sulfat in viel warmem Wasser, wobei die Edelmetalle zurückbleiben. Bei der elektrolytischen Scheidung hängt man Silber als Anode in eine salpetersaure Silbernitratlösung und sammelt das an der aus Silberblech bestehenden Kathode sich kristallinisch ausscheidende Silber. Reines Silber ist weiß, in sehr dünner Schicht blau durchscheinend, gut polierbar, härter und fester als Gold, weicher und weniger fest als Kupfer. Hartgezogener Silberdraht trägt auf 1 mm² Querschnitt 32 ÷ 41 kg, geglüht nur 18 ÷ 19 kg. Das Silber ist höchst dehnbar und hämmerbar, sein spezifisches Gewicht ist 10,5, es schmilzt leichter als Gold oder Kupfer und zwar bei 962° C. Der spezifische Widerstand beträgt bei weichem Silber 0,0158, der Temperaturkoeffizient, auf 15° C bezogen, beträgt 0,0036 und die Leitfähigkeit 63,5. Bei hartem Silber sind die Daten 0,0175 für den spezifischen Widerstand, 0,0036 für den Temperaturkoeffizient auf 15° C bezogen und 57 die Leitfähigkeit. Silber oxydiert nur im Sauerstoffgebläse und erst in fein verteilter Form bei gewöhnlicher Temperatur durch Ozon.

14. **Gold.** Es findet sich gediegen und fast immer legiert vor mit Silber, Eisen, Kupfer, Wismut, Quecksilber, Platin, Iridium, Palladium oder Rhodium. Solche Legierungen sind Elektrum, Palladgold, Rhodiumgold u. a. m. Reines Gold ist

sattgelb, besitzt starken Metallglanz und ist in hohem Grade polierfähig; es besitzt wenig Elastizität und daher wenig Klang, an Härte steht es dem Silber nach. Es ist mehr dehnbar als alle anderen Metalle. Man fertigt Blattgold von nur 0,0001 mm Dicke und Draht, von dem 200 m nur 1 g wiegen. Sehr kleine Beimengungen vermindern schon die Dehnbarkeit. Die Festigkeit beträgt 7,5 kg pro mm², wenn das Metall gegossen wird; bei hartgezogenen Drähten kommt man auf $20 \div 33$ kg pro mm², ausgeglühte Drähte vertragen $17 \div 19$ kg. Das spezifische Gewicht beträgt 19,3 und der Schmelzpunkt 1064° C. Sein spezifischer Widerstand ist 0,022, sein Temperaturkoeffizient, auf 15° C bezogen, 0,0035 und die Leitfähigkeit ist 45.

Reines Gold hält sich an der Luft unverändert, widersteht Säuren und schmelzenden Alkalien, wird aber von ihnen nicht unbedeutend angegriffen, wenn gleichzeitig ein elektrischer Strom darauf einwirkt; es löst sich in Königswasser. Gold wird im physikalischen Apparatebau (Saiten-Galvanometer) und zum galvanischen Vergolden benötigt.

D. Übrige Stoffe der Radiotechnik.

1. Kristallsysteme, Detektorkristalle. Beim Festwerden bilden die Mineralien, und ebenso künstlich dargestellte Stoffe, entweder Kristalle, d. h. gesetzmäßig aufgebaute, von ebenen Flächen in bestimmter Anordnung begrenzte Stücke oder amorphe, d. h. unregelmäßig geformte Massen. Eine Zwischenstufe ist der kristallinische Zustand, bei welchem ein gesetzmäßiger innerer Aufbau, aber eine unregelmäßige äußere Gestalt vorhanden ist. Die Form der Kristalle dient als wichtigstes Merkmal zur Erkennung und Unterscheidung aller kristallisierter Stoffe. — Man verteilt Mineralien und künstlich dargestellte Stoffe, bei denen eine Kristallform zu erkennen ist, auf 6 Kristallsysteme, nämlich das reguläre, das quadratische, das rhombische, das monokline, das trikline und das hexagonale System; diese unterscheiden sich durch ihren mehr oder weniger symmetrischen Aufbau und durch die Anzahl und Lage der Achsen, d. h. bestimmter Linien, die man sich durch den Mittelpunkt eines jeden Kristalls gezogen denkt.

Nächst der Kristallform bilden die physikalischen Eigenschaften: Spaltbarkeit, Bruch, Härte, spezifisches Gewicht, Farbe,

Glanz, Lichtbrechungsvermögen, Verhalten gegen den elektrischen Strom die wesentlichsten Kennzeichen der einzelnen Mineralien.

Als Spaltbarkeit bezeichnet man die Eigenschaft vieler Mineralien, sich nach bestimmten Ebenen leicht teilen zu lassen. Besitzt ein Mineral keine deutlich hervortretende Spaltbarkeit, so liefert es beim Zerschlagen nur unregelmäßig verlaufene Bruchflächen, die man kurz als den Bruch bezeichnet. Von zwei Mineralien wird dasjenige als das härtere bezeichnet, welches das andere zu ritzen vermag. Als farbig bezeichnet man ein Mineral, welches eine bestimmte, durch seine Zusammensetzung bedingte Farbe aufweist. Nach der Stärke des Glanzes werden die Mineralien als stark glänzend, wenig glänzend oder als matt bezeichnet. Fällt ein Lichtstrahl auf ein Kristall, so kann er ein- oder mehrmals gebrochen werden. Gegen den elektrischen Strom verhalten sich die Mineralien verschieden; bringt man Mineral mit einer Metallspitze in Berührung, so läßt die Anordnung den elektrischen Wechselstrom oftmals nur nach einer Seite durch. Es ist dies die von Braun entdeckte Gleichrichterwirkung, zu der sich häufig noch das Entstehen einer thermoelektromotorischen Kraft an der Berührungsstelle gesellt. Nach Untersuchungen von Székely und von Huizinga beruht die Gleichrichterwirkung, ähnlich wie bei der elektrolytischen Zelle, auf dem Entstehen einer Zersetzungsspannung in einer dünnen, an den Elektroden haftenden Flüssigkeitshaut und Gasschicht. Es gibt noch andere Theorien für die Detektorwirkung der Minerale.

Um die Mineralien für Zwecke der Radiotechnik verwenden zu können, hat man sie auf folgende fünf Punkte zu untersuchen:

1. Elektrische Leitfähigkeit.
2. Thermoelektrisches Verhalten.
3. Gleichrichterwirkung ohne angelegte Gleichstromspannung.
4. Gleichrichterwirkung mit angelegter Gleichstromspannung.
5. Verhalten bei Erwärmen des Detektors.

Ein Kristall, welches ein guter Gleichrichter sein soll, muß die Elektrizität schon ziemlich gut leiten, und in dieser Hinsicht ist von den vielen Mineralien, die wir haben, die Zahl der brauchbaren schon stark begrenzt. Die Silikate, Karbonate und Phosphate der gewöhnlichen Metalle sind gut geeignet. Die hauptsächlichsten der kristallinischen Oxyde leiten nur in sehr dünnen Schichten und nur wenige von ihnen haben Gleichrichterwirkung. Diejenigen Mineralien, welche die beste Dektorwirkung ergaben, waren solche, welche den Metallen in elektrischer Eigenschaft verwandt waren. Unter den zahlreichen Mineralien und Kristallen, welche die Elektrizität leiten, möge man unterscheiden solche Verbindungen, welche die Elektrizität leiten, geringen Widerstand haben, ohne gleichzurichten und andere, welche einen höheren elektrischen Widerstand haben und gute Gleichrichterwirkung ergeben. Zwischen diesen beiden Extremen gibt es nun Kristalle, welche eine angelegte Gleichstromspannung verlangen, um in Funktion zu treten; sodann andere, welche nur sehr unregelmäßig arbeiten und daher rein theoretischen Wert haben. In den Fällen, wo man ein angelegtes Potential benötigt, kommt man mit einer Gleichstromspannung von 2 ÷ 20 Volt (nur selten mehr) je nach dem Widerstand des Kristalls aus. Tabelle 29 zeigt typische Beispiele von Verbindungen, welche die Elektrizität gut leiten ohne gleichzurichten, Tabelle 30 enthält Mineralien, welche ohne angelegte Spannung als Detektor nicht wirkten und auch mit Spannung nur schwach. Die Tabelle 31 enthält eine Anzahl von Mineralien, welche Gleichrichtung ergaben, und die noch verbessert wurde beim Anlegen eines Potentials. Aufgefangene Signale waren recht klar, jedoch ziemlich weich. Eine weitere Zusammenstellung, Tabelle 32, gab schwachen klaren Empfang, der noch verbessert werden konnte durch eine angelegte Spannung. Die Empfindlichkeit dieser Gruppe von Metallverbindungen war sehr hoch und daher die Einstellung erschwert. In Tabelle 33 sind wirklich brauchbare Detektormineralien zusammengestellt, welche die besten Erfolge ergaben. Bei den meisten derselben wurde auch hier die Wirkung durch ein angelegtes Potential erhöht.

Metalloxyde und Metallsulfide ergaben bei einer Untersuchung schlechten Erfolg. Beim Studium der einzelnen Stoffe findet man, daß sie sich in den verschiedenen Zuständen sehr verschieden verhalten. Kohlenstoff in der Form des Diamants ist elektrischer Nichtleiter und Nichtgleichrichter, während er in der Form des Graphits Elektrizitätsleiter ist nnd sogar gute

Gleichrichterwirkung ergibt, wenn man eine Gleichstromspannung anlegt. Das verschiedene Verhalten muß in solchen Fällen auf die Veränderungen der kristallinischen Konstruktur zurückgeführt werden. Die Untersuchung von Mineralien und Kristallen bietet dem vorwärtsstrebenden Funker ein lehrreiches und Erfolg versprechendes Betätigungsfeld.

2. Quarz. Er ist ein häufig vorkommendes Mineral, welcher in zahlreichen Formen gefunden wird. Eine besondere Art des Quarzes ist der Bergkristall, aus welchem das viel gebrauchte Quarzglas durch Schmelzen gewonnen wird. Der Quarz ist völlig unempfindlich gegen Temperaturwechsel, man kann ihn weißglühend in Wasser tauchen, ohne daß er springt. Er ist vollkommen durchlässig für den ultravioletten Teil des Spektrums. Läßt man durch eine luftleere Röhre aus Quarz die Entladungen eines Induktoriums gehen, so entsteht alsbald Ozon. Eine Quecksilberbogenlampe aus Quarz liefert eine große Energieausbeute an Licht von bedeutender Konstanz. Das grünliche Licht ist außerordentlich reich an ultravioletten Strahlen, und zu Anfang der Benutzung entsteht so lebhaft Ozon, daß längerer Aufenthalt in der Nähe der Röhre unmöglich wird. Quarz ist für zahlreiche Untersuchungen auf elektrischem und chemischem Gebiet von größter Bedeutung. Sehr feine Quarzfäden, die verhältnismäßig sehr fest, nahezu frei von elastischer Nachwirkung und gute Isolatoren für Elektrizität sind, benutzt man bei physikalischen Instrumenten zum Aufhängen kleiner Magnetsysteme in Galvanometern.

3. Schwefel. Er kommt als Mineral auf Sizilien und in Louisiana und weniger häufig auf dem italienischen Festlande, in Spanien, Rußland und Sibirien, zumeist in der Nähe tätiger oder erloschener Vulkane vor. Schwefel ist ein gelber, leicht brennbarer, geschmack- und geruchloser fester Stoff, der in Wasser unlöslich, in Alkohol und Äther schwer löslich, aber in Schwefelkohlenstoff leicht löslich ist. Die Elektrizität sowohl als auch die Wärme leitet er sehr schlecht, wird jedoch beim Reiben elektrisch. Beim Erhitzen auf etwa 120^0 schmilzt er zu einer leicht beweglichen gelben Flüssigkeit. Er wird benutzt zum Vulkanisieren des Kautschuks. Seine elektrische Leitfähigkeit beträgt bei 20^0 C 10^{-17} $(\Omega/\text{cm})^{-1}$, die Dielektrizitätskonstante beträgt $3,6 \div 4,3$ und der Oberflächenwiderstand in Luft von $90 \div 100^0/_0$ Feuchtigkeit 100 Millionen MegΩ/cm. Die elektrische Leitfähigkeit läßt jedoch bei einer Temperaturerhöhung von 20 auf 30° C im Verhältnis 4,9 : 1 nach; trotzdem kann man das Material zuweilen als Isolierstoff zum Ausgießen von Höhlungen, Klemmschraubenlöchern u. a. verwenden.

4. Selen. Es ist ein chemisch einfacher Körper und findet sich in der Natur weit verbreitet; jedoch immer nur in geringen Mengen und niemals in freiem Zustande. Metallisches Selen gewinnt durch Belichtung die Eigenschaft den elektrischen Strom besser zu leiten; amorphes Selen leitet den elektrischen Strom nicht. Ganz besonders ist eine weiche Form des Selen für schwache Lichteindrücke sehr empfindlich, ändert aber bei intensiver Belichtung ihren Widerstand relativ weniger als eine zweite harte Form. Beim Erhitzen an der Luft verbrennt Selen mit hellblauer Flamme unter Verbreitung von Rettichgeruch. Man benutzt das Selen zu Konstruktionen von Elektroradiophonen, Photophonen, in der Lichttelegraphie, Telephonie und besonders in der Fernphotographie auf Drähten oder drahtlos (siehe Ruhmer: Das Selen und seine Bedeutung für die Elektrotechnik).

5. Kohle. Amorphen Kohlenstoff oder Kohle erhält man durch Erhitzung pflanzlicher und tierischer Stoffe unter Luftabschluß. Hierbei entweichen die übrigen Elemente in Form von Wasser und anderen flüchtigen Verbindungen. Kristallisierter Kohlenstoff ist der Diamant und der Graphit.

6. Graphit. Es ist ein Mineral und findet sich zuweilen als Gemengteil von Mineralien vor. Seine Farbe ist eisenschwarz, metallglänzend, völlig undurchsichtig und färbt auf Papier stark ab. Das spez. Gewicht beträgt etwa 2,2, die Härte beträgt $0,5 \div 1$ und das Material leitet Elektrizität sehr gut. Ein Gemisch von Graphit und Ton ist der Bleistift. Zur Herstellung von hochohmigen Widerständen fahre man mit dem Bleistift ein paarmal über ölgetränkten Preßspan. Die Leitfähigkeit solcher Bleistiftschichten hängt von der Härte des Materials ab, also dem Mengenverhältnis zwischen Graphit und Ton. Solche Widerstände kann man zum Schutze noch mit Zellonlack überziehen.

7. Silit. Das Material ist nicht brennbar und wird in der Art des Karborundums vielfach in elektrischen Öfen aus Kohlenpulver, Graphit, Sand, Kochsalz u. a. zusammengesetzt und mit Hilfe von hydraulischen Pressen in feste Form übergeführt. Silitstäbchen sind dem Radioamateur bekannt zur Ableitung der negativen Gitteraufladungen bei Elektronenröhren, zur Benutzung in Anodenkreisen bei Hoch- und Niederfrequenzverstärkung und als Potentiometerwiderstände. Die Stäbchen haben eine Länge von etwa 45 mm bei einem Durchmesser von ca. 6 mm, sind zuweilen jedoch in ihren Abmessungen von diesen Maßen abweichend. Es ist vorteilhaft, wenn die Stäbchen an ihren Enden einen elektrolytisch gewonnenen Kupferüberzug erhalten, wodurch eine gute Kontaktgebung gesichert ist. Die Größe der Widerstände ist für gewöhnlich in Megohm (Millionen-Ohm) oder in Ohm aufgedruckt. Zur wechselseitigen Benutzung der Silitstäbe verschiedener Herstellerfirmen wäre es ratsam, daß sich letztere bei der Dimensionierung ihrer Fabrikate auf Normalmaße einigen würden.

8. Schmirgel. Er bildet eine Abart des Korunds. Außerdem bezeichnet man oft als Schmirgel Edelsteingrus von Tophas und Granat oder Gemenge von Eisenglanz und Quarz. Schmirgelleinen besteht aus Leinen- oder Baumwollgewebe mit aufgeleimtem Schmirgel.

Glaspapier ist ein Papier, das mit Leim überzogen und danach mit Glaspulver bestreut ist.

Schmirgel und Glaspapier werden zum Schleifen von Metallen und Nichtmetallen benutzt. Bisweilen ist es vorteilhaft, auf die zu schleifenden oder polierenden Flächen einige Tropfen Öl zu geben.

9. Leim. Er wird hergestellt aus Häuten, Leder, Knochen, Fischschuppen usw. Man verwendet dazu Abfälle der Gerberei und Schlächterei. Aus diesen Resten verfertigt man den sog. Rohleim, der in den Leimsiedereien zu dem bekannten, in Drogerien erhältlichem Leimgut übergeführt wird. Eine brauchbare Leimlösung ergibt sich durch Erweichen des Leimguts in kaltem Wasser und Schmelzen im Wasserbad. Leimtöpfe mit Wasserbad sind in Buchbinderwerkstätten gebräuchlich und den Leimtiegeln der Tischler vorzuziehen. Die Leimlösung muß eine bestimmte Konsistenz besitzen. Leim wird heiß aufgetragen, und die zu leimenden Stücke müssen bis zum vollständigen Trocknen scharf aufeinandergepreßt werden. Sehr weiches und poröses Holz tränkt man am besten zuerst mit schwachem Leimwasser und läßt es gut trocknen. Zwischen Hirnflächen legt man ein Stückchen Gaze; etwas rauhe Flächen halten besser als sehr glatte. Soll der Leim der Feuchtigkeit widerstehen, so durchsetzt man die warme Lösung mit etwas Leinölfirnis. Bisweilen kann man die Haltbarkeit des Leimes durch Zusatz von Schlemmkreide oder Asche erhöhen. Wasserdichten Leimanstrich erhält man durch Tränken gewöhnlichen Leimanstriches mit konzentrierter und filtrierter Abkochung von Galläpfelpulver, wobei der Leim vollständig erweichen muß. Gewöhnliche Leimlösung schützt man durch einen Tropfen Karbolsäure oder Kreosot vor Fäulnis, der sie sonst sehr schnell unterliegt. Interessant ist hier noch eine Leimprüfung zu erwähnen. Zur Prüfung werden 3 Teile Leim, jedoch nicht unter 250 g, mit 6 Teilen Wasser im Dampfbad gekocht, bis nur noch $5/9$ vom Gewicht der ursprünglichen Mischung vorhanden sind. Sodann werden je 2 Stäbe aus hartem und weichem Holz von 42 cm Länge und 4×4 cm^2 Querschnitt in der Mitte durchgesägt und die Hirnflächen mit der Leimlösung wieder zusammengeleimt. Man läßt die Hölzer 72 Stunden in einem trockenen Raum bei $17 \div 20°$ C liegen und zerbricht sie dann in folgender Weise: Die eine Hälfte der zusammengeleimten Hölzer erhält 18 cm von der Fuge in der Mitte der Breite ein Loch, durch das ein an seinem unteren Ende mit einem Haken versehener Bolzen gesteckt wird, der eine Wagschale trägt. Das Holz wird mittels Klammern an einen Tisch befestigt, so daß die Fuge 1 cm über den Rand des Tisches hoch steht. Die Belastung beginnt mit 25 kg und wird pro Minute um 5 kg gesteigert, bis der Bruch eintritt. Brauchbarer Leim muß eine Durchschnittbelastung von mindestens 70 kg für die Fugen ergeben.

10. **Beizen.** Beizen sind Lösungen von Säuren oder Salzen, die zum Reinigen (Abbeizen), zum Ätzen und Färben von Metallen, zum Ätzen von Steinen und Glas, zum Färben von Holz u. a. benutzt werden. Das Beizen des Holzes kann entweder durch seine ganze Masse oder aber nur oberflächlich bei fertigen Gegenständen (Radiokästen) erfolgen, und es geschieht:

1. um hellem, weniger schönem Holze einer und derselben Holzart ein dunkleres Aussehen zu verleihen;

2. um ein wertvolleres Holz zu imitieren;

3. um dem Holze eine in der Natur selten oder gar nicht vorkommende Farbe, grün, blau oder rot, zu verleihen. Nicht alle Hölzer lassen sich gleich gut färben; es hängt hier zum Teil von der Witterung, von Standort und Wachstumsverhältnissen usw. ab. Linden- und Ahornholz läßt sich mit Teerfarbstoffen weit schöner färben als Fichten- und Tannenholz. Ahorn- und Fichtenholz erhalten durch eine Lösung von doppelchromsaurem Kali in Wasser eine gelbe, Eichenholz aber infolge seines Gerbstoffgehaltes eine dunkelbraune Färbung. Es gibt zum Beizen der Hölzer fertige Beizen, wie Sandelholzbeizen und Gelbbeerenbeizen.

11. Einiges über Farben. Farben sind Lichtempfindungen, die im Auge entstehen, wenn die Sehnerven gereizt werden durch Eindringen elektrischer Strahlen, deren Wellenlänge zwischen 687 und 397 Millionstel Millimeter liegt (Lichtstrahlen). Nach Newton, dem Entdecker der Farbenzerstreuung, sollte jeder dieser Strahlenarten einer einfachen Farbe entsprechen, was später von Goethe (Farbenlehre) aufs schärfste bestritten wurde, und das mit Recht.

Die Farbstoffe sind diejenigen Körper, von deren Eigenschaften man die Farbe berücksichtigen will. Nach ihrer Verwendung teilt man die Farben in viele Gruppen. Zum Anlegen von Holz benutzt man Leim- oder Ölfarbe. Man bezeichnet sie als Deckfarben, wenn sie die Fläche, auf die sie aufgetragen werden, mehr oder weniger vollständig verdecken, oder Lasurfarben, wenn sie auf der Unterlage nur eine durchsichtige Schicht bilden. Diese sind in Wasser oder Alkohol löslich, jene nicht. Zum Anlegen von Radiokästen kann man diese mit Leinöl streichen und evtl. noch mit einem Firnisüberzug versehen, wodurch ein gutes gebräuntes Aussehen erzielt wird.

12. Präparierte Kathoden. Oxydfäden werden nach Arnold wie folgt hergestellt: Zum Träger der Oxydschicht verwendet man als dünnes Band ausgewalztes und verdrilltes Platiniridium. Es eignet sich deshalb gut, weil es beim Aufbringen des Oxyds nicht selbst oxydiert. Als Oxyde werden abwechselnd Barium und Strontium verwendet, die als Karbonate mit leichtflüchtigen Stoffen, wie Paraffin usw., zu einer Paste zusammengerührt und aufgetragen werden. Beim Glühen verwandeln sich die Karbonate in die entsprechenden Oxyde. Durch einen geringen Zusatz von Rhodium im Platiniridium haftet die Oxydschicht sehr fest.

Thoroxyd wird unter Verdampfen von Magnesium auf die Kathode aufgebracht, indem man es in geringen Mengen auf das Anodenblech bringt und die ausgepumpte Röhre in Betrieb setzt. Das verdampfende Magnesium schlägt auch an der Innenwand der Röhre nieder und bildet hier einen silbernen Spiegel.

13. Wasserstoff, Fluor, Argon, Helium. a) Wasserstoff ist der leichteste aller bekannten Stoffe, weshalb man sein Atomgewicht gleich 1 angenommen hat. Die Atomgewichte der übrigen Elemente bezieht man auf Wasserstoff. Um Wasserstoff herzustellen, zersetzt man verdünnte Schwefel- oder Salzsäure durch Zink

$$Zn + H_2SO_4 = ZnSO_4 + 2H$$
$$Zn + 2HCl = ZnCl_2 + 2H.$$

Im übrigen kann man Wasserstoff auch durch Zersetzung des Wassers mit Hilfe des elektrischen Stromes gewinnen. — Wasserstoff ist ein farb-, geruch- und geschmackloses Gas, welches 14,4 mal so leicht als Luft und 11 000 mal so leicht als Wasser ist. Das Gas ist leicht entzündlich und verbrennt an der Luft mit schwachleuchtender, aber sehr heißer Flamme zu Wasser.

b) Fluor. Es kommt nur in Verbindungen vor. Mit Kalzium bildet es den in den deutschen Mittelgebirgen vorkommenden Mineralflußspat CaF_2, mit Natrium und Aluminium den in Grönland vorkommenden Kryolith Na_3AlF_6. Aus gepulvertem Flußspat und Schwefelsäure gewinnt man die farblose gasförmige Verbindung Fluorwasserstoff HF, welche Glas- und Kieselsäure angreift.

c) Argon ist ein farbloses, chemisch völlig inaktives Gas. Das Argon ist in wesentlicher Menge in der atmosphärischen Luft enthalten. Die Isolierung desselben erfolgt durch Verbrennung des Stickstoffes mit Sauerstoff durch den elektrischen Funken, wobei der unverbrennliche Gasrest im wesentlichen aus Argon besteht.

d) Helium ist ein sehr leichtes Gas, welches nur doppelt so schwer ist als Wasserstoff. Ramsay fand diesen Stoff in den Gasen, welche beim Glühen aus Cleveït und einigen anderen uranhaltigen Mineralien entweichen; schon früher hatte man das Helium in der Sonnenatmosphäre nach dem Auftreten einer sehr starken, im Gelbgrünen liegende Linie des Sonnenspektrums mit Recht vermutet. Helium diffundiert nicht durch glühendes Palladium, Platin oder Eisen, jedoch bei höherer Temperatur durch Schwarzglas. Argon- und Heliumröhren werden zur qualitativen Untersuchung von elektrischen Schwingungen benutzt.

E. Rezepte und Tabellen.

1. Wiederherstellung von altem Hartgummi. Man feuchtet die Stücke tüchtig an und schleift die Platten mittels eines Korkstöpsels mit feinem Bimssteinpulver. Sodann wischt man den Schmutz ab und schleift mit neuem Korken ein zweites Mal mit feinstem, geschlemmtem Bimssteinpulver, bis keine Kratzer mehr zu sehen sind. Zum nachfolgenden Polieren verwende man feinsten Tripel auf einem feuchten Lappen aufgetragen. Man macht so lange kreisende Bewegungen, bis der Hochglanz erscheint.

2. Dünne Dielektrika für Blockkondensatoren usw. stellt man dadurch her, daß man dünnes Papier durch heißes Paraffin zieht. Ein Dielektrikum von ganz genauer Dicke stellt man nach E. Kadisch wie folgt her: Man gießt das Dielektrikum auf völlig ebener und horizontaler Glasplatte aus in Ätheralkohol oder Azeton gelöstem Zelluloid oder benutzt das im Handel erhältliche Kollodium. Angenommen, man hätte sich eine 2 %ige Lösung aus alten Zelluloidabfällen hergestellt und gießt dieselbe 1 mm hoch auf die horizontale, mit einem Rande versehene Glasplatte, so müßte nach völligem Verdunsten des Lösungsmittels eine 0,02 mm dicke Schicht entstehen. Entsprechend läßt sich jede gewünschte Dicke herstellen. Schwierig ist nur, das Gefäß wirklich 1 mm hoch vollzugießen. Man berechnet deshalb einfacher das erforderliche Volumen an Zelluloidlösung entsprechend der Grundfläche der Platte. Die entstehende Zelluloidhaut löst man unter Wasser vom Rande her ab. Es ist immer gut, dünne Lösungen zu verwenden, damit sich keine Blasen in der Gußschicht bilden; unter Umständen steche man Blasen schnell mit einer Nadel auf. Zelluloid ist sehr stark brennbar, daher: Fort mit der Zigarette und allem Feuer!

3. Zelluloidlack kann man von alten Filmresten usw. durch Auflösen in Azeton erhalten. Die Gelatineschicht löst man in

Ätzen. — Polreagenzpapier. — Reinigen von Kristallen. — Löten. 67

warmem Wasser ab. Die Konsistenz des Lackes ist durch mehr oder weniger Azeton auf jeden gewünschten Wert zu bringen.

4. Ätzen und Bohren von Glas. Um Glas zu ätzen, überzieht man eine zuvor erwärmte Glasplatte mit einer feinen Wachsschicht, in welche Linien oder Buchstaben eingezeichnet werden und deckt sie mit der Wachsschicht nach unten auf eine kleine Bleischale, in der wenig Flußspatpulver mit Schwefelsäure befeuchtet ist; die Glasplatte braucht die Flüssigkeit nicht zu berühren. Nach einiger Zeit ist die Ätzung vollzogen. Die wäßrige Lösung nennt man Flußsäure, sie wird in Guttapercha- oder Platingefäßen aufbewahrt und dient zum Ätzen des Glases und zur Aufschließung kieselsäurehaltiger Mineralien, da sie Siliziumdioxyd, SiO_2, zu Fluorsilizium, SiF_4, löst. Es sei noch bemerkt, daß Fluor das reaktionsfähigste aller Metalloide ist. Es sieht grünlichgelb aus und es entzünden sich in ihm von selbst Wasserstoff, Schwefel, Blei, Eisen und die meisten anderen Grundstoffe; es zersetzt Wasser schon heftig in der Kälte, greift sowohl Glas als alle organischen Stoffe stark an, und bei höherer Temperatur vermögen selbst Platin und Gold seiner Einwirkung nicht zu wiederstehen.

Glas schneidet man mit dem Diamanten oder mit den viel billigeren Stahlschneidern. Um Glas zu bohren, benutzt man eine gebrauchte Sägeblattfeile, schleift die drei Seiten der Spitze scharf an, erzeugt an letzterer eine Schneide, indem man eine Kante der dreiseitigen Pyramide auf den Schleifstein hält. Die so bearbeitete Feile bohrt vorzüglich, wenn man noch mit Terpentinöl schmiert.

5. Polreagenzpapier zum Bestimmen der Polarität bei Gleichstrom stellt man sich durch Eintauchen und nachherigem Trocknen von Filtrierpapier in eine Lösung von Natron- oder Kalisalpeter in Wasser her, in die man noch einige Tropfen Phenolphthalein hinzufügt.

6. Das Reinigen von Detektorkristallen soll etwa alle 6 Wochen mit einem in Alkohol oder Äther getauchten Wattebausch geschehen; hierdurch wird etwaige durch Betasten mit den Fingern entstandene Oxydschicht beseitigt.

7. Etwas vom Löten. Man unterscheidet Weich- und Hartlötung. Das Weichlöten genügt in der Bastelstube in den allermeisten Fällen; nur wo es auf besonders große Festigkeit ankommt, wendet man Hartlöten an. Zum Löten benutzt man einen Lötkolben, hier etwa 200 g schwer, ein Stück Salmiak, zum Reinigen des erhitzten Kolbens, Lötwasser und das Lot. Zusammensetzung von gebräuchlichen Weichloten in Gewichtsteilen:

63,2 Zinn + 36,8 Blei,   Schmelzp. 183^0 C, oder
50 „ + 50 „   „ 213^0 C, oder
15,5 „ + 32 „ + 52,5 Wismut,   „ 96^0 C.

Hartlot besteht z. B. aus:
    24 Teile Kupfer, 9 Teile Zinn, 8 Teile Zink.

Um Lötwasser herzustellen, gibt man in einem Steingutschüsselchen Zinkstücke in unverdünnte Salzsäure. Man nehme diese kleine Operation im Freien vor, damit die entstehenden gefährlichen Gase entweichen können.

Zum Löten wird der Kolben angewärmt, gereinigt, indem man ihn mit der Schneide über den Salmiakstein reibt, sodann verzinnt durch Berühren des Lotes, und dann an die zusammengefügte Lötnaht gehalten. Hartlöten geschieht immer in offener Flamme (Bunsenbrenner). Man hält die gereinigte Lötnaht, die man mit Hartlotstückchen belegt und der man noch zur Reinigung etwas Boraxpulver zugibt, in die Flamme und zieht sie wiederum heraus, wenn das Lötgut geschmolzen die Naht füllt.

In den meisten Fällen soll der Radioamateur „säurefrei" löten. Er benutzt dann an Stelle des Lötwassers Kolophonium oder eine der säurefreien Lötpasten wie „Fludor" oder „Tinol". Dieses sind Pasten, welche aus einem Gemisch von pulverförmigem Weichlot, einem Desoxydationsmittel wie Chlorammonium oder Chlorzink und einem indifferenten flüssigen Stoffe, wie Glyzerin, Alkohol, Vaseline, Öl oder Fett bestehen. Man trägt die Paste nach vorherigem Umrühren mit einem Stäbchen auf die am besten blank gemachte Lötstelle und erhitzt mittels Lötkolben oder Stichflamme (Spiritus- (Tinol-) Lämpchen).

8. Blanke Metalle. Als Polieren bezeichnet man die Beseitigung aller Unebenheiten auf einer Fläche entweder durch Niederdrücken oder durch Abschleifen derselben.

Bei der Politur werden gewöhnlich 3 Stufen unterschieden:

Mattpolitur — mit Öl und feinstem Sand auf der Lederscheibe.

Glanzpolitur — mit Öl und Kalk oder Wasser und Polierrot o. a. auf der Leder- oder Grobfilzscheibe.

Hochglanzpolitur — mit Wasser oder Alkohol und Polierrot o. a. auf der Sammetfilz-, Bürsten- oder Schwabbelscheibe.

Zum Polieren benutzt man:

Schmirgel in feinster Mahlung.

Eisenoxyd unter dem Namen: Englischrot, Polierrot, Caput mortuum, Crocus martis, Colkothar.

Pariserrot, d. i. geschlämmte rote Bleimennige.

Wiener Kalk, der ungelöscht, daher gut verschlossen aufzubewahren und nicht mit Wasser zu verwenden ist.

Zinnasche, weißes Zinndioxyd, hauptsächlich zum Polieren von Steinen.

Man verwende alle Stoffe nur in äußerst feiner Verteilung, und zwar angerührt mit Wasser, Alkohol, säurefreiem Mineral, Stearinöl, Glyzerin oder aber noch besser in Form fertiger Pasten.

Um Messing, welches hochglanz poliert wurde, gegen Mattwerden zu schützen, bestreicht man die mit dem Tinollämpchen leicht erwärmten Stücke mit farblosem, dünnen Zellonlack oder Vernierlack, wie er in der Drogerie zu haben ist.

9. Der Schutz des Eisens gegen Rosten. Rost ist eine Verbindung von Eisen, Sauerstoff und Wasserstoff (Ferrihydroxyd, $Fe(OH)_3$) und entsteht durch gemeinsame Einwirkung von Luft und Wasser. In wasserfreier Luft oder sauerstofffreiem Wasser rostet Eisen nicht. Der Rostvorgang vollzieht sich schneller, wenn z. B. Säuren, gewisse Salzlösungen oder abirrende elektrische Ströme mitwirken. Ob Gußeisen oder schmiedbares Eisen, Schweißeisen oder Flußeisen mehr rosten, ist noch unentschieden.

Unter den Rostschutzmitteln sind folgende wesentlichen Gruppen zu unterscheiden:

1. Bedecken mit Stoffen, die Wasser und Säuren aufnehmen.
2. Herstellung oxydischer Überzüge.
3. Herstellung von Metallüberzügen.
4. Herstellung von Schmelzüberzügen (Emaillieren).
5. Verwendung von Portland-Zement.
6. Einfetten und Ölen.
7. Firnissen, Lackieren, Anstreichen.
8. Teeren, Asphaltieren.

Es soll hier nur eine Methode zur Verhinderung der Rostbildung angegeben werden. Man verwende sogen. vulkanisierten Firnis, d. h. gewöhnlichen Leinölfirnis, dem man $5 \div 10\%$ Schwefel beigibt. In heißem Terpentinöl stellt man eine Lösung von Schwefelblüten her und gießt unter Rühren eine entsprechende Menge Leinölfirnis portionsweise hinzu. Dieser „vulkanisierte" Firnis besitzt die Eigenschaft, die mit ihm bestrichenen Metalle oberflächlich in Schwefelverbindungen überzuführen und dadurch vor Oxydation zu schützen.

10. Über Leimen. Die käuflichen Leimtafeln werden zerkleinert, indem man sie in ein Tuch dreht und mit dem Hammer zerschlägt. Auf 1 Gewichtsteil Leim gibt man etwa 2 Gewichtsteile Wasser, und man läßt die Lösung einige Zeit stehen (über Nacht), damit der Leim gut aufquellen kann. Sodann wird die Masse im doppelwandigen Leimtopf im Wasserbade erhitzt, bis er nach einiger Zeit seinen rechten Flüssigkeitsgrad erreicht hat. — Die zu leimenden Stücke sollen etwas angewärmt werden, mit dem Leim bestrichen und dann etwa 12 Stunden in Schraubzwingen, durch Belasten oder dergl. festgehalten werden.

11. Braune Holzbeize erhält man, wenn man 1 Teil Kasseler-Braun mit einer Lauge aus 1 Teil Soda und 4 Teilen Wasser innig vermischt. Die so erhaltene Beize mit einem Pinsel oder Schwamm auf das zu beizende Holz aufgetragen und im warmen Raum getrocknet, hinterläßt einen schönen kastanienbraunen Farbton.

12. Entfernung von Ölfirnis; Verhütung des Werfens von Holz. Hierzu dient eine Mischung aus gleichen Teilen Kopaiva- (namentlich Para-) Balsam und Ätzammoniak. Die Mischung ist anfänglich trüb, wird aber, namentlich wenn man sie etwas anwärmt, klar. Diese Verbindung besitzt die Eigenschaft, alle verhärteten Öle anzugreifen, wenn auch allmählich, und sie aufzulösen. Ganz ähnlich wie diese „Kopaivaseife" wirkt auch eine Mischung von gleichen Teilen Kopaivabalsam und starkem Weingeist. Dieses Mittel greift den Ölfirnis noch schneller an. Der Kopaivabalsam eignet sich weiterhin vorzüglich zur Verhütung des Werfens von Holz und hölzernen Gegenständen. Wenn man derartige Gegenstände (Tafeln, Bretter) mit Kopaivabalsam tränkt, so verhütet man absolut das Werfen der-

Entfernung von Ölfirnis; Verhütung des Werfens von Holz. 71

selben in feuchter Luft; selbst bereits einesteils geworfene Gegenstände lassen sich durch Tränken der entgegengesetzten Seite wieder gerade richten.

Tabelle 1. Internationale Atomgewichte.

Aluminium	Al	27	Mangan	Mn	55	
Antimon	Sb	120	Natrium	Na	23	
Arsen	As	75	Nickel	Ni	59	
Barium	Ba	137	Osmium	Os	191	
Blei	Pb	207	Phosphor	P	31	
Bor	B	11	Platin	Pt	195	
Brom	Br	80	Quecksilber	Hg	200	
Calcium	Ca	40	Sauerstoff	O	16	
Cerium	Ce	140	Schwefel	S	32	
Chlor	Cl	35,5	Selen	Se	79	
Chrom	Cr	52	Silber	Ag	108	
Eisen	Fe	56	Silicium	Si	28	
Fluor	Fl	19	Stickstoff	N	14	
Gold	Au	127	Strontium	Sr	87,5	
Iridium	Ir	193	Tantal	Ta	181	
Jod	J	127	Wasserstoff	H	1	
Kalium	K	39				
Kohlenstoff	C	12	Wismut	Bi	208	
Kupfer	Cu	63,5	Wolfram	W	184	
Magnesium	Mg	24	Zink	Zn	65	
			Zinn	Sn	119	

Tabelle 2.
Chemische Zusammensetzung technisch wichtiger Stoffe.

Acetylen C_2H_2
Alaun $KAl(SO_4)_2 + 12\,H_2O$
Alkohol:
    Äthyl- $C_2H_5(OH)$
    Methyl- $CH_3(OH)$
Ammoniak NH_3
Arsenik As_4O_6
Asbest $(Ca-Mg)$ Silikate
Ätzkalk CaO
Ätzkali KHO
Ätznatron $NaHO$
Borax $Na_2B_4O_7$
Braunstein MnO_2
Calciumkarbid CaC_2
Cellulose $C_6H_{10}O_5$
Essigsäure $C_2H_4O_2$
Fixiersalz $Na_2S_2O_3$
Gips $CaSO_4 + 2\,H_2O$
Glas $(Na-Ca)$ Silikat
Glimmer $K_4H_2Al_6(SiO_4)_3$
Glaubersalz Na_2SO_4
Kalilauge KOH

Karborund SiC
Kochsalz $NaCl$
Kohlensäure CO_2
Korund (Schmirgel) Al_2O_3
Kreide $CaCO_3$
Kupfervitriol $CuSO_4$
Lötwasser; wäßrige Lösung von $ZnCl_2$
Marienglas $CaSO_4 + 2\,H_2O$
Marmor $CaCO_3$
Pyrogallussäure $C_6H_6O_3$
Rost $Fe(OH)_3$
Salmiak NH_4Cl
Salzsäure HCl
Schwefelsäure H_2SO_4
Soda Na_2CO_3
Teer, Gemisch von Kohlenwasserstoffen, Phenolen und stickstoffhaltigen Basen
Wasser H_2O
Wasserglas K_4SiO_4; Na_4SiO_4

Tabelle 3. Dielektrizitätskonstante, Oberflächenwiderstand, Leitfähigkeit und dielektrischer Leistungsfaktor verschiedener Isolierstoffe.

Stoff	Dielektrizitätskonstante	Oberflächenwiderstand in Luft von 90 ÷ 100% Feuchtigkeit	Leitfähigkeit bei 20° C in $(\Omega/\text{cm})^{-1}$	Dielektrischer Leistungsfaktor bei 20° C bei ν	Dielektrischer Leistungsfaktor bei 20° C
Azeton	2,5	—	—	—	—
Bakelit (rein)	5,6 ÷ 8,8	900 Mill. MegΩ/cm	—	—	—
Bernstein	2,9	6 " " "	$5 \cdot 10^{-16}$	$5 \cdot 10^{5}$	0,0050
Bienenwachs, gelb	—	500 " " "	—	500	0,0050
Ebonit, neu	2,9	1000÷1 " " "	$1 \cdot 10^{-18}$	500÷5000	{0,0030 gute Sorte / 0,0230 schlechte " }
Elfenbein	—	40 MegΩ/cm	$5 \cdot 10^{-9}$	—	—
Fernsprechkabelisolation aus Papier und Luft	1,6	—	—	—	—
Fiber (rot)	5 ÷ 0	200 MegΩ/cm	$2 \cdot 10^{-10}$	10^{5}	0,0072
Glas	6 ÷ 10	—	—	—	—
Glasscheiben	5 ÷ 8	20 MegΩ/cm	$2 \cdot 10^{-14}$	—	—
Glimmer	5 ÷ 8	5000 MegΩ/cm (weißer)	$0,005 \div 25 \cdot 10^{-15}$	$5 \cdot 10^{5}$	0,0002
Guttapercha mit 45% Harzgehalt	3 ÷ 3,2	—	—	5000	0,0280
Hartpapier (Repelit) . . .	3,6	—	—	—	—
Hartgummi (von S. S. W.)	2,1	—	—	—	—
Hartpech	1,8	—	—	—	—
Harz	2,5	—	—	—	—
Harzöl	2,5 ÷ 3,5	—	—	—	—
Kautschuk	2,8	200 Mill. MegΩ/cm	$2 \cdot 10^{-17}$	—	—
Kolophonium	2,5	—	—	—	—
Kohlensäure	1,0009	—	—	—	—

Luftleerer Raum	1,0	—	—	—	—
Luft	1,00059	—	—	—	—
Leinöl	3 ÷ 3,5	—	—	—	—
Marmor	8,3	10 ÷ 30 MegΩ/cm	—	—	—
Mahagoniholz (paraffiniert)	4,5 ÷ 5,5	—	—	—	—
Mikanit	2 ÷ 4	3000 MegΩ/cm	0,02·10⁻¹²	—	—
Mineralöl	—	—	10⁻¹⁵	—	—
Papier	1,8 ÷ 2,6	—	—	1000	0,0040
Pappelholz (paraffiniert)	—	—	—	—	—
Paraffin, fest (technisch rein)	2,3	> 7000 Mill. MegΩ/cm	2·10⁻¹²	5000	0,00012
Paraffin, spezial	—	> 100 000 „	1·10⁻¹⁶	—	—
Paraffinöl	—	„	—	50	0,00029
Petroleum	2 ÷ 2,5	—	—	—	—
Porzellan, glasiert	2,1	600 MegΩ/cm	—	4800	0,0494
„ nicht glasiert	4,4	60 „	3·10⁻¹⁵	—	—
Pertinax	4,5 ÷ 5,8	—	—	5000	0,0220
Preßspan	5,0	—	—	—	—
Schiefer	2 ÷ 4	10 MegΩ/cm	10⁻⁸	—	—
Schellack	—	10000 „	10⁻¹⁶	—	—
Schwefel	3 ÷ 4	100 Mill. MegΩ/cm	10⁻¹⁷	—	—
Siegelwachs	4	80 Mill. MegΩ/cm	1,2·10⁻¹⁶	—	—
Terpentin	4,3	—	—	—	—
Trolit	2,2	10000 ÷ 1 Mill. MegΩ/cm	0,15·10⁻¹²	800	0,046
Wasser	83,8	—	—	—	—
Wasserstoff	1,0002	—	—	—	—
Wachs	1,86	—	—	—	—
Zelluloid, weiß	4	1000 MegΩ/cm	5·10⁻¹¹	5000	0,00005
Zeresin	2,2	—	< 2·10⁻¹⁹	1000	0,0330
Zellon, hell	3,5	—	—	—	—

Tabelle 3a. **Hochfrequenzeigenschaften von verschiedenen getrockneten, ungetrockneten, getränkten und ungetränkten Hölzern.**
(Bureau of Standards, Washington 1918÷1922.)

Art des Holzes	Verlustwinkel in Grad	Dielektrizitätskonstante	Bemerkungen
Basswood	4,5	3,0	bei Ankunft
	1,1	2,0	48 Stunden in 70° C getrocknet
	0,9	2,6	48 Stunden in 70° C und dann in Zeresin 4 Stunden
	1,0	2,2	48 Stunden in 70° C getrocknet und dann 4 Stunden in Paraffin gekocht.
Baywood (California)	2,1	3,9	bei Ankunft
	1,4	2,4	getrocknet wie oben
	1,4	2,5	getrocknet und ausgekocht in Zeresin wie oben
	1,5	2,5	getrocknet und gekocht in Paraffin wie oben.
Cypress	10,0	3,8	bei Ankunft
	1,2	2,0	getrocknet wie oben
	1,5	2,2	getrocknet und gekocht in Zeresin wie oben.
	1,1	2,0	getrocknet und gekocht in Paraffin wie oben.
Fir (Oregon)	2,0	3,1	bei Ankunft
	1,4	2,2	getrocknet wie oben
	1,4	2,2	getrocknet und gekocht in Zeresin wie oben.
	1,3	2,0	getrocknet und gekocht in Paraffin wie oben
Maple (Hard)	2,2	4,5	bei Ankunft
	1,4	2,6	getrocknet 24 Stunden in etwa 80° C
	1,4	2,6	getrocknet 46 Stunden in 80° C
	1,7	3,0	getrocknet 46 Stunden in 80° C und dann 3 Stunden in Paraffin gekocht.
Eiche (weiß)	8,8	6,8	bei Ankunft
	1,8	3,1	24 Stunden getrocknet in 80° C
	1,7	3,1	48 Stunden getrocknet in 80° C.

Rezepte und Tabellen.

Tabelle 4. Tabelle der effektiven Durchschlagfeldstärken.
(Nach Schwaiger.)
Die Zahlen dürfen nur als Mittelwerte angesehen werden. Je nach Herkunft und Zusammensetzung können Unterschiede bis zu 250 % auftreten.

50	100	120	140	160	180	200	300	500	1000 $\frac{\text{Kilovolt}}{\text{cm}}$
Transformatorenöl		Pertinax		Paraffin				Hartgummi, Glas	
Porzellan	Stabilität		Mikanit		Hartpapiere			Glimmer	
					Kabelpapiere				
	Ebonit								
					Paraffinpapier				

Tabelle 5. Ferro-, Para- und diamagnetische Körper.

Ein paramagnetischer Körper saugt die magnetischen Kraftlinien durch sich hindurch; ein diamagnetischer Körper stößt die magnetischen Kraftlinien von sich ab. Körper, die sich ähnlich dem Eisen verhalten, nennt man ferromagnetische. Das gemeinsame Merkmal aller ferromagnetischen Körper ist, daß sie eine große Permeabilität besitzen.

Ferromagnetische Körper	Paramagnetische Körper	Diamagnetische Körper
Eisen	Mangan	Wismut
Nickel	Chrom	Antimon
Kobalt	Platin	Zink
Heuslersche Legierungen	Aluminium	Blei
	Eisensalzlösungen	Silber
	(Eisenchlorid)	Kupfer
	Sauerstoffgas	Gold
		Schwefel
		Bergkristall
		Die meisten eisenfreien Salze
		Verbrennungsgase

Tabelle 6. Angaben über Bleche.

Nr. der deutschen Blechlehre	Dicke in mm	Gewicht in kg pro m²						
		Flußeisen	Kupfer	Messing	Bronze	Zink	Blei	Aluminium
27	0,300	2,353	2,670	2,565	2,580	2,160	3,411	0,804
26	0,375	2,944	3,338	3,206	3,225	2,700	4,264	1,005
25	0,438	3,438	3,898	3,745	3,767	3,154	4,980	1,174
24	0,500	3,925	4,450	4,275	4,300	3,600	5,685	1,340
23	0,562	4,412	5,001	4,805	4,833	4,047	6,390	1,506
22	0,625	4,906	5,563	5,344	5,375	4,500	7,106	1,675
21	0,75	5,888	6,675	6,413	6,450	5,400	8,528	2,010
20	0,875	6,869	7,788	7,482	7,525	6,300	9,950	2,345
19	1,000	7,850	8,900	8,550	8,600	7,200	11,370	2,680
18	1,125	8,832	10,013	9,620	9,675	8,100	12,792	3,015
17	1,25	9,813	11,125	10,688	10,750	9,000	14,213	3,350
16	1,375	10,794	12,238	11,757	11,825	9,900	15,634	3,685
15	1,500	11,775	13,350	12,825	12,900	10,800	17,055	4,020
14	1,75	13,738	15,575	14,963	15,050	12,600	19,898	4,690
13	2,00	15,700	17,800	17,100	17,200	14,000	22,74	5,360

Tabelle 7. Verlustzahlen für Bleche verschiedener Stärke und verschiedenen Induktionen bei 10 000 und 100 000 Perioden/sec entsprechend Wellenlängen von 30 000 und 3000 m (nach Goltze).

Blechstärke cm	Verlust in Watt pro kg bei 10 000 Perioden/sec			Durch Extrapolation ermittelt für 100 000 Perioden/sec und $B = 500$
	$B = 500$	$B = 1000$	$B = 4000$	
0,05	5,83	19	170	7,28
0,084	6,35	20	190	10,8
0,125	7,00	24	230	17,0
0,25	10,6	33	450	15,8

Tabelle 8. Verlustzahlen für Bleche verschiedener Stärke und verschiedenen Induktionen bei 50 Perioden/sec.

Induktion B	Gewöhnliches Dynamoblech		Halblegiertes Blech	Legiertes Blech
	Dicke 0,5 mm	Dicke 0,35 mm	Dicke 0,5 mm	Dicke 0,35 mm
3 000	0,5	0,35	0,4	0,2
5 000	1,05	0,80	0,85	0,4
7 000	1,80	1,35	1,55	0,7
9 000	2,75	2,12	2,40	1,12
10 000	3,30	2,58	2,90	1,36
11 000	3,90	3,10	3,50	1,65
12 000	4,60	3,75	4,15	2,00
13 000	5,32	4,60	4,95	2,35
14 000	6,15	5,63	5,90	2,75
15 000	7,10	6,40	6,96	3,50

Tabelle 9. Leitfähigkeit, spezifischer Widerstand und Temperaturkoeffizient von Elektrizitätsleitern bei 15° C.

Metall	Leitfähigkeit $\frac{m}{\Omega \cdot mm^2}$	Spez. Widerstand $\frac{\Omega \cdot mm^2}{m}$	Temperaturkoeffizient
Eisen, rein	9,6	0,104	0,0048
Eisen (96,9 %)	10,00	0,100	—
Eisendraht	8,3 ÷ 7,1	0,12 ÷ 0,14	0,0046
Eisentelegraphendraht . . .	7,4	0,135	—
Blei, gepreßt	5,0	0,20	0,0037
Zink, "	17,0	0,059	0,0039
Zinn	8,0	0,13	0,0044
Aluminium	34,8	0,0287	0,0034
Kupfer, rein	61,7	0,0162	0,0040
" elektrolytisches . .	64,06	0,0156	—
Normalkupfer	60,	0,0167	0,0040
" weich . . .	58,0	0,0172	0,0040
" hart . . .	57,0	0,0175	0,0040
Engl. Standardkupfer, weich	59,3	0,0168	0,0040
" " hart	58,3	0,0172	0,0040
Nickel	8,5	0,12	0,0044
Stahl	4,4	0,23	0,0052
Platin	10,7	0,094	0,0024
Silber, hart	5,7	0,0175	0,0036
Wolfram	17,86	0,056	0,0046
Wismut	0,8	1,3	0,0035
Tantal	6,06	0,165	0,0030

Rezepte und Tabellen.

Tabelle 10. Tabelle der wichtigsten Metallegierungen.

Namen	In 100 Gewichtsteilen sind im Mittel enthalten	Bemerkungen
Bronze		Ursprünglich wurden nur CuSn-Legier. so bezeichnet.
Mangan-	85 Cu; 15 Sn	Zäh und fest.
Phosphor-	78 ÷ 90 Cu; 4 ÷ 13 Sn; 5,5 ÷ 16 Pb; 0,5 ÷ 1 P	Neigung zum Seigern, spröde wenn P-Gehalt üb. 1%.
Nickel-	50 ÷ 80 Cu; 1 ÷ 16 Sn; 0 ÷ 20 Zn; 3 ÷ 40 Ni	Größte Zähigkeit, Dichtigkeit, Festigkeit und Härte erreichbar.
Silizium-	91 ÷ 98 Cu; 1 ÷ 9 Sn; 0 ÷ 1 Zn; ∼ 0,05 Si	Für Telephondrähte, wegen sehr hoher Festigkeit, benutzt.
Wismut-	45 Cu; 16 Sb; 21,5 Zn; 32,5 Ni; 1 Bi	Hart, widerstandsfähig gegen Seewasser.
Messing (Gelbguß)		Gut gießbar, kalt und warm zu bearbeiten.
Blech	55 ÷ 72 Cu; 0 ÷ 1 Sn; 27 ÷ 44 Zn; 0 ÷ 2 Pb	
Draht	70 Cu; 30 Zn	
Röhren	66 ÷ 80 Cu; 20 ÷ 34 Zn	
Guß	63 ÷ 72 Cu; 0 ÷ 2,5 Sn; 24 ÷ 37 Zn; 0 ÷ 3 Pb; 0 ÷ 2 Fe	
Konstantan	60 Cu; 40 Ni	Draht, Blech für elektrische Widerstände.
Manganin	82,12 Cu; 2,29 Ni; 15,02 Mn; 0,57 Fe	Draht, Blech für elektrische Widerstände.
Nickelin	58 Cu; 41 Ni; 1 Mn 56 Cu; 13 Sn; 31 N	Draht, Blech für elektrische Widerstände.

Tabelle 11. Leitfähigkeit, spezifischer Widerstand und Temperaturkoeffizient einiger Legierungen bei 15° C.

Stoff	Leitfähigkeit $\frac{m}{\Omega \cdot mm^2}$	Spez. Widerstand $\frac{\Omega \cdot mm^2}{m}$	Temperaturkoeffizient
Aluminiumbronze (Cu mit 5% H)	7,5 ÷ 3,5	0,13	0,0008 ÷ 0,001
Messingdraht (30% Zn)	12 ÷ 15	0,085 ÷ 0,065	0,002 ÷ 0,0012
Resistin (Cu + Mn)	1,97	0,51	∼ ± 0
Manganin (Cu + Mn + Ni)	2,35	0,42	− 0,000003 ÷ 0,000008
Konstantan (Cu + Ni)	2,05	0,488	− 0,000005
Nickelin (Cu + Ni)	2,4	0,42	0,000019 ÷ 0,000021
Neusilber (Cu + Ni + Zn)	2,7	0,37	0,00072

Tabelle 12. Wirksamer Widerstand von Kupferdrähten.

Die Zahlen geben den Widerstand von

Drahtdurchmesser in mm	Stationärer Strom (Gleichstrom)	Wechselstrom					
		$\nu = 5 \cdot 10^4$/sec $\lambda = 6000$ m	$\nu = 10^5$/sec $\lambda = 3000$ m	$\nu = 1{,}5 \cdot 10^5$/sec $\lambda = 2000$ m	$\nu = 2 \cdot 10^5$/sec $\lambda = 1500$ m	$\nu = 2{,}5 \cdot 10^5$/sec $\lambda = 1200$ m	$\nu = 3 \cdot 10^5$/sec $\lambda = 1000$ m
0,2	0,554	0,55	0,56	0,56	0,56	0,56	0,56
0,4	0,138	0,139	0,141	0,143	0,148	0,152	0,157
0,6	0,0615	0,063	0,067	0,072	0,078	0,086	0,093
0,8	0,0346	0,0370	0,0422	0 0498	0,056	0,062	0,067
1,0	0,0221	0,0254	0,0323	0,0382	0,0434	0,0480	0,052
1,2	0,0154	0,0196	0,0262	0,0314	0,0354	0,0393	0,0427
1,4	0,0113	0,0164	0,0221	0,0263	0,0298	0,0331	0,0359
1,6	0,00865	0,0140	0,0189	0,0226	0,0258	0,0285	0,0311
1,8	0,00683	0,0123	0,0169	0,0199	0,0226	0,0251	0,0273
2,0	0,00554	0,0110	0,0148	0,0178	0,0202	0,0225	0,0245
2,2	0,00457	0,0098	0,0133	0,0159	0,0182	0,0203	0,0221
2,4	0,00384	0,0089	0,0121	0 0146	0,0166	0,0185	0,0202
2,6	0,00328	0,0081	0,0111	0,0134	0,0153	0,0171	0,0186
2,8	0,00282	0,0075	0,0102	0,0123	0,0141	0,0158	0,0172
3,0	0,00246	0,0069	0,0095	0,0115	0,0132	0,0147	0,0160
3,2	0,00216	0,0065	0,0089	0,0107	0,0123	0,0137	0,0149
3,4	0,00192	0,0061	0,0083	0,0101	0,0116	0,0129	0,0141
3,6	0,00171	0,0057	0,0079	0,0096	0,0110	0,0122	0,0133
3,8	0,00153	0,0053	0,0074	0,0090	0,0103	0,0114	0,0125
4,0	0,00138	0,0051	0,0070	0,0085	0,0097	0,0108	0,0118
4,2	0,00125	0,00479	0,0066	0 0080	0,0092	0,0103	0,0112
4,4	0,00114	0,00456	0,0063	0,0077	0,0088	0,0098	0,0107
4,6	0,00105	0,00438	0,0061	0,0074	0,0085	0,0094	0,0103
4,8	0,000961	0,00417	0 0058	0 0070	0,0081	0,0090	0,0096
5,0	0,000886	0,00400	0,0055	0,0067	0,0077	0,0086	0,0094
5,2	0,000819	0,00383	0,0053	0 0065	0,0074	0,0083	0,0090
5,4	0,000759	0,00368	0,0051	0,0062	0,0071	0,0080	0,0086
5,6	0,000706	0,00354	0,00493	0,0060	0,0069	0,0076	0,0083
5,8	0,000658	0,00341	0,0047	0,0058	0,0066	0,0074	0,0081
6,0	0,000615	0,00330	0,00458	0,0056	0,0064	0,0071	0,0078
6,2	0,000576	0,00319	0,00443	0 0054	0,0062	0,0069	0,0075
6,4	0,000541	0,00309	0,00429	0,0052	0,0060	0,0067	0,0073
6,6	0,000508	0,00299	0,00415	0,0050	0,0058	0,0064	0,0071
6,8	0,000479	0,00290	0,00403	0,00489	0,0056	0,0063	0,0068
7,0	0,000452	0,00281	0,00391	0,0047	0,0055	0,0061	0,0067
7,2	0,000427	0,00272	0,00379	0,00461	0,0053	0,0059	0,0064
7,4	0,000404	0,00265	0 00369	0,00448	0,0051	0,0058	0,0063
7,6	0,000383	0,00257	0 00359	0,00433	0,0050	0,0056	0,0061
7,8	0,000364	0,00251	0,00350	0,00426	0,00488	0,0055	0,0059
8,0	0,000346	0,00244	0,00341	0,00415	0,00477	0,0053	0,0058

(Nach Zeuneck: Drahtlose Telegraphie.)
1 m in Ohm an; Genauigkeit 1 bis 2%.

Wechselstrom							
$\nu = 3{,}5 \cdot 10^5$/sec $\lambda = 857$ m	$\nu = 4 \cdot 10^5$/sec $\lambda = 750$ m	$\nu = 4{,}5 \cdot 10^5$/sec $\lambda = 667$ m	$\nu = 5 \cdot 10^5$/sec $\lambda = 600$ m	$\nu = 10^6$/sec $\lambda = 300$ m	$\nu = 1{,}5 \cdot 10^6$/sec $\lambda = 200$ m	$\nu = 2 \cdot 10^6$/sec $\lambda = 150$ m	$\nu = 3 \cdot 10^6$/sec $\lambda = 100$ m
0,56	0,56	0,56	0,57	0,61	0,66	0,73	0,86
0,163	0,168	0,175	0,183	0,245	0,293	0,328	0,399
0,099	0,104	0,110	0,115	0,156	0,187	0,213	0,257
0,072	0,076	0,079	0,083	0,110	0,136	0,157	0,190
0,055	0,062	0,065	0,069	0,108	0,124	0,138	0,151
0,0456	0,0489	0.051	0,053	0,074	0,089	0,103	0,125
0,0384	0,0405	0,0452	0.0450	0,062	0,076	0,087	0,106
0,0333	0,0353	0 0372	0,0394	0,054	0,066	0,076	0,093
0,0294	0,0314	0,0331	0,0345	0,0480	0,058	0,067	0,083
0,0263	0,0278	0,0295	0,0310	0,0432	0,053	0,061	0,074
0.0238	0.0254	0.0267	0,0280	0,0392	0,0479	0,0551	0,067
0,0217	0,0231	0.0243	0,0257	0,0357	0,0438	0,0506	0,062
0,0200	0,0212	0,0224	0·0236	0,0329	0,0400	0,0469	0,057
0,0185	0,0196	0,0207	0 0223	0,0307	0,0379	0 0433	0,053
0,0172	0,0183	0,0193	0,0204	0,0287	0,0350	0,0405	0,0497
0,0161	0 0171	0,0180	0,0190	0,0267	0,0328	0,0381	0,0459
0,0151	0,0160	0,0170	0,0178	0,0252	0,0309	0,0357	0,0431
0.0143	0,0154	0,0160	0,0168	0,0239	0,0293	0,0337	0,0407
0,0134	0,0143	0,0151	0,0159	0,0225	0,0277	0,0314	0,0386
0,0127	0,0136	0,0140	0,0151	0,0214	0,0263	0,0300	0,0366
0,0121	0,0128	0,0136	0,0145	0,0205	0,0246	0,0285	0,0349
0,0115	0,0123	0,0130	0,0138	0,0196	0,0235	0,0272	0,0331
0,0111	0,0118	0,0125	0,0131	0,0187	0,0225	0,0260	0,0317
0,0106	0,0113	0,0120	0,0127	0,0177	0,0216	0,0250	0,0304
0,0101	0,0108	0,0115	0,0124	0,0169	0,0207	0,0240	0,0292
0,0097	0,0104	0,0111	0,0116	0,0162	0,0199	0,0229	0,0281
0,0093	0,0100	0,0106	0,0112	0,0156	0,0192	0,0220	0,0271
0,0091	0,0097	0,0102	0,0108	0,0152	0,0185	0,0213	0,0261
0,0087	0,0093	0,00099	0,0104	0,0146	0,0176	0,0203	0,0252
0,0084	0,0090	0,00095	0,0101	0,0141	0,0172	0,0199	0,0243
0,0081	0 0087	0,0092	0.0098	0,0136	0,0167	0,0192	0,0235
0,0079	0 0084	0,0089	0 0095	0,0132	0,0162	0,0186	0,0228
0,0076	0,0081	0,0086	0,0092	0,0128	0,0157	0,0181	0,0221
0,0074	0.0078	0,0083	0,0088	0,0123	0,0151	0,0175	0,0214
0,0071	0 0076	0,0081	0,0085	0,0120	0,0148	0,0172	0,0208
0,0070	0,0074	0,0079	0,0083	0,0117	0,0143	0,0166	0,0203
0,0067	0,0072	0,0077	0,0081	0,0114	0,0139	0,0160	0,0196
0,0066	0,0071	0,0075	0,0079	0,0111	0,0135	0,0156	0,0192
0,0064	0,0069	0,0073	0,0077	0,0108	0,0132	0,0152	0,0186
0,0063	0,0067	0,0071	0,0075	0,0105	0,0129	0,0148	0,0182

Tabelle 13. Isolationszunahme, Widerstand und Gewicht der Emaillekupferdrähte (bei 15° C).

Durchmesser des blanken Drahtes mm	Isolationszunahme etwa mm	Widerstand pro m ca. Ohm	100 m wiegen ca. kg
0,03	0,015	20,650	0,011
0,04	0,015	13,245	0,015
0,05	0,015	8,913	0,021
0,06	0,015	6,189	0,029
0,07	0,015	4,547	0,037
0,08	0,015	3,482	0,049
0,09	0,015	2,751	0,061
0,10	0,015	2,228	0,074
0,11	0,020	1,841	0,088
0,12	0,020	1,547	0,105
0,13	0,020	1,318	0,125
0,14	0,020	1,136	0,146
0,15	0,020	0,990	0,168
0,16	0,020	0,870	0,188
0,17	0,020	0,771	0,210
0,18	0,020	0,688	0,235
0,19	0,020	0,617	0,260
0,20	0,020	0,557	0,290
0,21	0,025	0,506	0,320
0,22	0,025	0,460	0,360
0,23	0,025	0,423	0,375
0,24	0,025	0 386	0,420
0,25	0,025	0,357	0,450
0,26	0,025	0,343	0,480
0,27	0,025	0,313	0,510
0,28	0,025	0,284	0,570
0,29	0,025	0,273	0,590
0,30	0,025	0,248	0,650
0,35	0,030	0,182	0,890
0,40	0,030	0,140	1,160
0,45	0,030	0,110	1,480
0,50	0,030	0,089	1,830
0,55	0,035	0,074	2,200
0,60	0,035	0,062	2,620
0,65	0,035	0,051	3,050
0,70	0,035	0,045	3,550
0,75	0,040	0,040	4,050
0,80	0,040	0,035	4,650
0,85	0,040	0,031	5,280
0,90	0,040	0,028	6,000
0,95	0,040	0,025	6,800
1,00	0,040	0,022	7,200

Tabelle 14. Durchmesser und Widerstand umsponnener Kupferdrähte.

Durch- messer blank	Durchmesser besponnen				Widerstand pro km
	mit Seide		mit Baumwolle		
	einfach	doppelt	einfach	doppelt	
mm	mm	mm	mm	mm	ca. Ohm
0,025	0.045				—
0,03	0, 05				—
0,035	0,055				—
0,038	0,058				—
0,04	0,06				13245
0,05	0,07				8913
0,06	0,08				6189
0,07	0,09				4547
0,08	0,11				3482
0,09	0,12				2751
0,10	0,13				2228
0,12	0,16	0,205	0,195	0,27	1550
0,15	0,19	0,235	0,225	0,30	993
0,18	0,22	0,265	0,255	0,33	688
0,20	0,24	0,285	0,275	0,35	557
0,22	0,26	0,305	0,295	0,37	460
0,25	0,29	0,335	0,325	0,40	357
0,28	0,32	0,365	0,355	0,43	284
0,30	0,34	0,385	0,375	0,45	248
0,32	0,36	0,405	0,395	0,47	218
0,35	0,39	0,435	0,425	0,50	182
0,38	0,42	0,465	0,455	0,53	154
0,40	0,44	0,485	0,475	0,55	139
0,43	0,47	0,515	0,505	0,58	120
0,45	0,49	0,535	0,60	0,60	110
0,50	0,54	0,59	0,65	0,65	89,0
0,55	0,59	0,64	0,70	0,70	73,7
0,60	0,64	0,69	0,75	0,75	61,8
0,65	0,69	0,74	0,80	0,80	52,7
0,70	0,74	0,79	0,85	0,85	45,4
0,75	0,79	0,84	0,90	0,95	39,6
0,80	0,84	0,89	0,95	1,00	34,8
0,85	0,89	0,94	1,00	1,05	30,7
0,90	0,94	0,99	1,05	1,10	27,5
0,95		1,04		1,15	24,5
1,00		1,09		1,20	22,3

Die Tabellen 15 und 16 befinden sich aus satztechnischen Gründen auf Seite 84.

Cremers, Baumaterialien.

Tabelle 17. Antennenlitzen der Süd-

Leiterzahl und Durchmesser	Querschnitt	Material			
		Harter Elektrolytkupferdraht			
		Gesamtfestigkeit der Litze	Festigkeit	Leitfähigkeit	Dehnung
mm	ca. mm²	ca. kg	kg/mm²	S.-Einh.	%
5× 5×0,15	0,442	17,6	40	56 ÷ 57	2
7× 7×0,15	0,870	34,8			
7× 7×0,20	1,540	61,5			
7× 7×0,25	2,400	96,0			
7× 7×0,30	3,460	138,0			
7× 7×0,35	4,700	188,0			
7×12×0,15	1,590	63,0			
7×13×0,15	1,610	64,0			
6× 7×0,35 (mit einer Hanfeinlage)	4,040	161,0			

Tabelle 18.

Festigkeitszahlen von Metallen und Metallegierungen.

Material	Zerreißzug kg/mm²	Dehnung %
Kupfer, gewalzt	22	35
„ gezogen	30	5
Blei	2	—
Zink	19	—
Zinn	3,5	—
Aluminium, gegossen	12	3
„ gewalzt	24	—
Messing, gegossen	15	15
„ gewa'zt	25	40
„ gezogen	45	—
Bronze	22	20
Phosphorbronze, gegossen	40	20

Tabelle 19. Tabelle zur Umrechnung von englischen Drahtstärken in metrisches Maß.

SWG = Imperial Standard Wire Gauge
s. s. c. = 1 × Seide umsponnen
d. s. c. = 2 × „ „
s. c. c. = 1 × Baumwolle umsponnen
d. c. c. = 2 × „ „

deutschen Metallindustrie A.-G.

Material							
Harter Bronzedraht Qualität II				Weicher Phosphorbronzedraht			
Gesamt-festigkeit der Litze ca. kg	Festig-keit kg/mm²	Leit-fähigkeit S.-Einh.	Deh-nung %	Gesamt-festigkeit der Litze ca. kg	Festig-keit kg/mm²	Leit-fähigkeit S.-Einh.	Deh-nung %
35,0	80	38 ÷ 40	2	23,0	53	7 ÷ 8	36 ÷ 40
69,0				46,0			
123,0				81,0			
192,0				127,0			
276,0				184,0			
375,0				250,0			
127,0				84,0			
130,0				85,5			
323,0				214,0			

Tabelle 19. (Fortsetzung.)

WG	Engl. Zoll	mm	WG	Engl. Zoll	mm
50	0,0010	0,0254	24	0,024	0,559
49	0,0012	0,0305	23	0,024	0,610
48	0,0016	0,0406	22	0,028	0,711
47	0,0020	0,0508	21	0,032	0,813
46	0,0024	0,061	20	0,036	0,914
45	0,0028	0,071	19	0,040	1,01
44	0,0032	0,081	18	0,048	1,22
43	0,0036	0,091	17	0,056	1,42
42	0,0040	0,101	16	0,064	1,62
41	0,0044	0,111	15	0,072	1,83
40	0,0048	0,122	14	0,080	2,03
39	0,0052	0,132	13	0,092	2,33
38	0,0060	0,150	12	0,104	2,64
37	0,0068	0,172	11	0,116	2,94
36	0,0076	0,193	10	0,128	3,25
35	0,0084	0,213	9	0,144	3,65
34	0,0092	0,233	8	0,160	4,06
33	0,0100	0,254	7	0,176	4,47
32	0,0108	0,274	6	0,192	4,87
31	0,0116	0,294	5	0,212	5,38
30	0,0124	0,315	4	0,232	5,89
29	0,0136	0,345	3	0,252	6,40
28	0,0148	0,376	2	0,276	7,01
27	0,0164	0,416	1	0,300	7,62
26	0,018	0,457	0	0,324	8,23
25	0,020	0,508			

Tabelle 15. Widerstand, Belastungsgrenzen und Gewichte von Kupferleitungen bei 20° C.

Querschnitt mm²	Durchmesser mm	Zulässige Stromstärken bei isolierten Drähten Amp.	Nennstromstärke für eine entsprechende Abschmelzsicherung Amp.	Widerstand Ohm/km	Länge m/kg	Länge m/Ohm	Gewicht kg/100 m
0,50	0,80	7,5	6	35,7	225	28,0	0,445
0,75	0,98	9,0	6	23,8	150	42	0,666
1,00	1,13	11	6	17,8	112,5	56,2	0,889
1,5	1,38	14	10	11,9	75,2	84,1	1,33
2,5	1,78	20	15	7,14	45	140	2,22
4	2,26	25	20	4,46	28,1	224	3,56
6	2,76	31	25	2,97	18,8	337	5,33
10	3,57	43	35	1,78	11,25	562	8,89
16	4,50	75	60	1,115	7,04	898	14,21

Tabelle 16. Raumfaktor und Außendurchmesser von Emaille-, Seiden- und Baumwolldraht.

Als Raumfaktor ist der Prozentgehalt an Metall in einem dem isolierenden Drahte umschriebenen Quadrate bezeichnet.

Drahtstärke mm	Emailledrahrt Raumfaktor %	Emailledrahrt Außendurchmesser mm	Seidendraht einfach Raumfaktor %	Seidendraht einfach Außendurchmesser mm	Seidendraht zweifach Raumfaktor %	Seidendraht zweifach Außendurchmesser mm	Baumwolldraht einfach Raumfaktor %	Baumwolldraht einfach Außendurchmesser mm	Baumwolldraht zweifach Raumfaktor %	Baumwolldraht zweifach Außendurchmesser mm
0,07	49	0,089	32	0,11	20	0,14	—	—	—	—
0,1	51	0,124	40	0,14	27	0,17	20	0,20	9	0,30
0,15	54	0,184	49	0,19	36	0,22	28	0,25	14	0,35
0,2	57	0,235	54	0,24	43	0,27	35	0,30	20	0,40
0,3	61	0,340	61	0,34	52	0,37	44	0,40	28	0,50
0,4	63	0,447	65	0,44	57	0,47	50	0,50	35	0,60
0,5	64	0,553	67	0,54	60	0,57	55	0,60	40	0,70
0,7	66	0,765	70	0,74	65	0,77	60	0,80	47	0,90
1,0	67	1,080	—	—	—	—	—	—	—	—
1,5	69	1,600	—	—	—	—	—	—	—	—

Rezepte und Tabellen.

Tabelle 20. Löwenherz-Gewinde mit Angabe des dazu passenden Lochbohrers.

Dasselbe ist vielfach in der Feinmechanik und Elektrotechnik in Deutschland sowohl als auch in Österreich in Gebrauch.

Außen-durch-messer mm	Kern-durch-messer mm	Dazu passender Spiralbohrer mm	Außen-durch-messer mm	Kern-durch-messer mm	Dazu passender Spiralbohrer mm
1	0,625	0,65	4	2,95	3,1
1,2	0,825	0,85	4,5	3,375	3,5
1,4	0,95	1	5	3,8	3,9
1,7	1,175	1,2	5,5	4,15	4,2
2	1,4	1,5	6	4,5	4,5
2,3	1,7	1,75	7	5,35	5,3
2,6	1,925	2	8	6,3	6,25
3	2,25	2,35	9	7,05	7,1
3,5	2,6	2,7	10	7,9	7,9

Tabelle 21. Metrisches Einheitsgewinde mit Angabe des dazu passenden Lochbohrers.

(Nach den deutschen Industrie-Normen.)

* Diese Gewinde sind tunlichst zu vermeiden.

Außen-durch-messer mm	Kern-durch-messer mm	Dazu passender Lochbohrer mm	Außen-durch-messer mm	Kern-durch-messer mm	Dazu passender Lochbohrer mm
1	0,65	0,65	3	2,31	2,35
1,2 *	0,85	0,85	3,5 *	2,67	2,7
1,4	0,98	1	4	3,03	3,1
1,7 *	1,21	1,2	4,5 *	3,46	3,5
2	1,44	1,5	5	3,89	3,9
2,3 *	1,74	1,75	5,5 *	4,25	4,2
2,6	1,97	2	6	4,61	4,5

Tabelle 22. Withworth-Schraubengewinde mit Angabe des dazu passenden Lochbohrers.

Außen-durchmesser		Kern-durchmesser	Dazu passender Lochbohrer	Außen-durchmesser		Kern-durchmesser	Dazu passender Lochbohrer
Zoll	mm	mm	mm	Zoll	mm	mm	mm
$1/16$	1,587	1,045	1,1	$1/2$	12,700	9,989	10,26
$3/32$	2,381	1,703	1,8	$9/16$	14,287	11,577	11,75
$1/8$	3,175	2,362	2,44	$5/8$	15,875	12,918	13
$5/32$	3,969	2,952	3,05	$11/16$	17,462	14,575	14,5
$3/16$	4,762	3,407	3,5	$3/4$	19,050	15,797	16
$7/32$	5,556	4,201	4,3	$13/16$	20,637	17,384	17,5
$1/4$	6,350	4,724	4,8	$7/8$	22,225	18,610	19
$5/16$	7,937	6,130	6,3	$15/16$	23,812	20,198	20,5
$3/8$	9,525	7,492	7,7	1	25,400	21,324	21,5
$7/16$	11,112	8,789	9				

Tabelle 23. SI-Schraubengewinde (Système Internationale) mit Angabe des dazu passenden Lochbohrers.

* Diese Gewinde sind tunlichst zu vermeiden.

Außen-durchmesser	Kern-durchmesser	Dazu passender Lochbohrer	Außen-durchmesser	Kern-durchmesser	Dazu passender Lochbohrer
mm	mm	mm	mm	mm	mm
1	0,65	0,65	4,5	3,4	3,45
1,2	0,85	0,85	5,0	3,88	3,91
1,4	0,98	1	6,0 *	4,61	4,6
1,7	1,21	1,2	7,0	5,61	5,6
2,0	1,44	1,45	8,0	6,26	6,3
2,3	1,74	1,78	9,0 *	7,26	7,3
2,6	1,97	1,99	10,0	7,92	7,9
3,0	2,3	2,37	11,0 *	8,92	9,0
3,5	2,66	2,71	12,0	9,57	9,6
4,0	3,0	3,05	14,0	11,22	11,2

Tabelle 24. Holzgewinde-Schrauben bis 10 mm Durchmesser.
Die Schaftstärken sind normalisiert wie folgt. Bei versenkten Köpfen bildet das Versenk einen rechten Winkel, und der Durchmesser des Kopfes $= 2 \times$ Schaftstärke $+ 1$ mm bei der deutschen Lehre. Bei den ausländischen Lehren, sowie bei allen Rund- und Linsenköpfen ist der Durchmesser des Kopfes $= 2 \times$ Schaftstärke. Die Gewindetiefe beträgt immer $1/_6$ der Schaftstärke.

Schaft-stärke mm	Steigung des Gewindes mm	Schlitz-breite im Kopf mm	Nummer der Lehre					
			Alte Deutsche	Neue Deutsche	Öster-reichische	Eng-lische	Franzö-sische	Spa-nische
1,35	0,6	0,4	000	13	14	000	11	10
1,5	0,7	0,4	00	15	16	00	12	11
1,65	0,8	0,5	0	16	18	0	13	12
1,85	0,3	0,6	1	18	20	1	14	13
2,1	1,0	0,6	2	21	22	2	15	14
2,4	1,1	0,7	3	24	25	3	16	15
2,7	1,2	0,8	4	27	28	4	17	16
3,0	1,3	0,9	5	30	31	5	18	17
3,3	1,4	1,0	6	43	34	6	—	18
3,6	1,5	1,0	7	36	38	7	19	19
3,9	1,6	1,1	8	39	—	8	20	20
4,2	1,8	1,2	9	42	42	9	—	—
4,6	2,0	1,3	10	46	46	10	21	21
5,0	2,2	1,4	11	50	50	11	22	22
5,4	2,4	1,5	12	54	55	12	—	—
5,8	2,5	1,6	13	58	60	13	23	23
6,2	2,6	1,7	14	62	—	14	—	—
6,6	2,8	1,7	15	66	65	16	24	24
7,0	3,0	1,8	16	70	70	17	25	—
7,4	3,3	1,8	17	74	76	18	—	25
7,8	3,5	1,9	18	78	—	20	26	—
8,2	3,7	2,0	19	82	82	21	—	26
8,6	4,0	2,1	20	86	88	22	27	27
9,0	4,3	2,2	21	90	—	23	—	—
9,5	4,5	2,3	22	95	94	24	28	28
10,0	4,5	2,4	23	100	100	25	29	29

Tabelle 25.
Der Strom von 1 Ampere scheidet aus:

Zeit	Silber mg	Kupfer mg	Quecksilber mg	Nickel mg	Wasser mg
In 1 Sekunde .	1,118	0,3294	1,040	0,3050	0,0933
„ 1 Minute . .	67,08	19,76	62,40	18,30	5,60
„ 1 Stunde . .	4025,00	1186,—	3744,—	1098,—	335,9

Tabelle 26.
Elektrisches Leitvermögen wäßriger Lösungen bei 15° C.

Die Prozente bedeuten Gewichtsteile des wasserfreien Körpers in 100 Gewichtsteilen der Lösung.

Lösung	NaCl	$ZnSO_4$	$CuSO_4$	$AgNO_3$	KOH	HCl	HNO_3	H_2SO_4
5 %	0,067	0,019	0,019	0,026	0,172	0,395	0,258	0,209
14 „	0,121	0,032	0,032	0,048	0,315	0,630	0,451	0,392
15 „	0,164	0,042	0,042	0,068	0,425	0,745	0,613	0,543
20 „	0,196	0,047	—	0,087	0,499	0,762	0,711	0,653
25 „	0,214	0,048	—	0,106	0,540	0,723	0,770	0,717
30 „	—	0,044	—	0,124	0,542	0,662	0,785	0,740
40 „	—	—	—	0,157	0,450	0,515	0,733	0,680
50 „	—	—	—	0,186	—	—	0,631	0,541
60 „	—	—	—	0,210	—	—	0,513	0,373
70 „	—	—	—	—	—	—	0,396	0,216
80 „	—	—	—	—	—	—	0,267	0,111

Tabelle 27. Tabelle einiger galvanischer Elemente.

Type	Anode	Kathode	Elektrolyt	Depolarisator	EMK in Volt	R_i in Ohm
Leclanché, Trockenelemente	Zink	Kohle	NH_4Cl	MnO_2	1,5	0,4 bis 0,6 0,5 „ 0,1 je nach Größe
Meidinger	„	Kupfer	$ZnSO_4$	$CuSO_4$	1,1	ca. 5
Daniell } haben	„	„	„	„	1,1	„ 1
Grove } Tonzelle	„	Platin	H_2SO_4	HNO_3	1,8	0,2
Bunsen	„	Kohle	„	„	1,8	0,2
Chromsäure Tauchelement	„	Kohle	Chromsäure	Chromsäure	2,0	—
Cupron	„	Kupferoxyd	NaOH	Kupferoxyd	1,3	—

Tabelle 28. Zugfestigkeit von neuen Seilen.

Seile		Zugfestigkeit	Zulässige Spannung
Aus badischem Schleißhanf	ungeteert	900 kg/cm²	110 kg/cm²
	geteert	800 „	100 „
„ russischem Reinhanf	ungeteert	800 „	100 „
	geteert	700 „	85 „

Bei älteren gebrauchsfähigen Seilen darf man nur die Hälfte der zulässigen Spannung gestatten.

Tabelle 29.
Minerale, welche Wechselströme leiten ohne Gleichrichtung.

Mineral	Chemische Formel
Rotnickelkies	NiAs
Dyscrasit	Ag_3Sb
Breithauptit	NiSb

Tabelle 30. **Minerale, welche ohne angelegte Gleichspannung als Detektor nicht wirken und auch mit Spannung nur schwach.**

Mineral	Chemische Formel
Pyrrhotin (Magnetkies)	$Fe_nS_3 + 1$
Gersdorffit	$NiAsS$
Smaltin (Speiskobalt)	$CoAs_3$
Wismut (Wismutglanz)	Bi_2S_3

Tabelle 31. **Minerale, welche Detektorwirkung ergeben und die mit einer Gleichstromhilfsspannung noch verbessert wird.**

Mineral	Chemische Formel
Tetraedrit	$4 Cu_2S \cdot Sb_2S_3$
Bornit (Buntkupfererz)	Cu_3FeS_3
Franklinit	$(Fe, Mn, Zn)O \cdot (Fe, Mn)_2 \cdot O_3$
Manganit	$Mn_2O_3 \cdot H_2O$
Psilomelan	$Mn_2O_3 \cdot H_2O$
Pyrolusit	MnO_2
Grünlingit	$Bi_4Te \cdot S_3$

Tabelle 32. **Minerale, welche Gleichrichtung ergeben, die bedeutend verbessert wird durch Hilfsspannung.**

Mineral	Chemische Formel
Molybdänglanz	MoS_2
Ilmenit	$FeO \cdot TiO_2$
Magnetit	Fe_3O_4
Kupferkies	$CuFeS_2$
Graphit	C
Stromeyerit	$Cu_2S \cdot Ag_2S$
Covellin	CuS
Tennantit (Arsenfahlerz)	$4 Cu_2S \cdot As_2S_3$

Tabelle 33. **Minerale, welche ohne Hilfsspannung gute Detektorwirkung ergeben; bei den meisten wird diese durch eine Hilfsspannung noch verbessert. 2 bis 20 Volt.**

Mineral	Chemische Formel
Zinkit	$(Zn, Mn)O$
Cassiterit (Zinnstein)	SnO_2
Pyrit	FeS_2
Galenit (Bleiglanz)	PbS
Jamesonit	$2 PbS \cdot Sb_2S_3$
Bournonit	$CuPbSbS_3$
Freieslebenit	$5 (Pb, Ag_2)S \cdot 2 Sb_2S_3$
Nagyagit	$(PbAu)Te$
Silicon (Silicium met.)	Si
Tellurium (Tellur metallisch)	Te
Carborundum	SiC

Tabelle 34. **Rezepttafel verschiedener Kitte.**

Es ist zu befestigen:	Dazu rühre man an:
Metalle auf Glas	2 Wachs, 1 Pech, 4 Harz, geschmolzen mit 1 Ziegelmehl, angerührt und warm verstrichen oder 15 Kopalfirnis, 5 Leinöl, 3 Terpentin, 2 Terpentinöl und 5 Marineleim im Wasserbade warm angerührt, darauf mit 10 pulverförmig gelöschtem Kalk vermischt.
Glas in Metallhülsen	Warmer Brei aus Siegellack und Terpentin oder Schmelze aus 8 Kolophonium, 2 Wachs, 4 Englischrot mit 1 Terpentin verrührt.
Holz oder Glas auf Eisen	In geschmolzenem Schellack etwa die gleiche Gewichtsmenge Schlemmkreide verrührt und warm aufgetragen.
Eisen in Stein	4 Zement, 4 Ziegelmehl, 1 Eisenfeilspäne wässerig angerührt.
Eisen auf Eisen	Auf die mit konzentrierter Schwefelsäure bestrichenen Eisenflächen bringt man ein Gemisch von 3 Schwefel, 3 Bleiweiß und 1 Borax auf und preßt fest zusammen. Die Erhärtung dauert mehrere Tage.

Tabelle 35. **Radio-Porzellane der Porzellanfabrik H. Grau.**

Porzellane farbig oder weiß.

Benennung	Querschnitt mm	Gewicht per Stück g	Fabrik-Nummer
Ei-Isolator	97×63	420	73
" "	78×52	190	71
" "	58×41	105	68
" "	40×28	30	106/76
" "	30×20	12	107
Muschel-Isolator	65×54	85	74
" "	35×35	23	69
Zylinderform-Isolator	58×33	100	118
Rillen-Isolator	77×30	60	66
" "	100×37	150	21
" "	36×35	38	109
Durchführungsröhre	118×80	225	19
"	130×54	233	20
"	50×13	$8 \div 10$	23

Literaturverzeichnis.

Dr. Schiff: „Klassifizierung der Isolierpreßmassen". ETZ 1923.
Schob: „Festigkeitsuntersuchungen an elektr. Isolierstoffen". ETZ 1923.
Demuth, Walter: „Die Materialprüfung der Isolierstoffe der Elektrotechnik". Berlin: Julius Springer 1920.
— „Die Isolatoren für drahtlose Telegraphie". Jahrb. drahtl. Telegr. u. Telef 1922.
Wagner: „Erklärung der dielektrischen Nachwirkungen auf Grund Maxwellscher Vorstellungen". Arch. Elektrot. 1914.
Schering, Harald: „Die Isolierstoffe der Elektrotechnik". Berlin: Julius Springer 1924.
Wernicke, A.: „Die Isoliermittel der Elektrotechnik". Braunschweig 1908.
Zeitler, Hans: „Der Glimmer". Berlin 1913. Verlag: Jaroslaws.
Ruhmer: „Das Selen und seine Bedeutung für die Elektrotechnik".
Meyer, Dr. Georg: „Die Prüfung von Emailledrähten". ETZ 1923.
Flight, W. S.: „Die Untersuchung von Isolierlacken". El. Review 1921.
Arbeiten aus dem Mechan.-Technolog. Inst. der Dresdner Techn. Hochsch.
Bültemann, A.: „Leiter und Nichtleiter der Elektrizität". Helios 1918.
Tedeschi, B.: „Untersuchung elektr. Leitfähigkeit einiger Preßspan- und Pilitsorten. Arch. I, S. 497.
Curtis, H. L.: „Eingehende Untersuchung von Glimmerkondensatoren". Bull. of the Bur. of Stand, Washington 1910.
Schott, E.: „Hochfrequenzverluste von Gläsern und einigen anderen Dielektricis; Messungen im Frequenzbereich $2 \cdot 10^5$ bis 10^6 Per/sek und bei Temp. von -80^0 bis $+400^0$ C. Jahrb. drahtl. Telegr. u. Telef. 1921.
Bureau of Standards Scientific Papers No. 471: „Methods of measurement of properties of electrical insulating materials".
Bureau of Standards Technologie Paper No. 216: „Properties of electrical insulating material"

Namen- und Sachverzeichnis.

Adergummi 24.
Alterungskoeffizient 7.
Aluminium 47.
Antimon 53.
Argon 65.
Asphalte 26.
Atomtheorie 2.
Ausdehnungskoeffizient 22.

Bakelit 25.
Baumwolle 32.
Beizen 70.
Biegefestigkeit 21.
Bienenwachs 29.
Blei 46.
Brennpunkt 21.

Ceresin 72.
Chrom 54.

Diagonalbänder 33.
Diamagnetismus 9.
Dielektrikum 13.
Dielektrische Verschiebung 13, 14.
Dielektrizitätskonstante 14.
Dissoziation 2, 20.
Dehnung 22.
Dehnungsmodul 22.
Detektorkristalle 67, 88.
Drahtwalzwerk 45.
Durchschlagsspannung 19.
Druckfestigkeit 21.

Ebonit 23.
Elastizitätsmodul 22.
Elektron 2.
Elementarladung 1.
Eisen 43.
Eisenblech 44.

Farben 64.
Flachs 32.

Flammpunkt 21.
Feuchtigkeit 19.
Flüssigkeitsgrad 20.
Flüssige Stoffe 20.
Fluor 65.

Galalith 39.
Glas 36.
Glaselektrizität 1.
Glimmer 34.
Gold 56.
Graphit 61.
Gütezahl 22.

Halbleiter 1.
Härte 22.
Hanf 32.
Hartgummi 23.
Harze 30.
Harzelektrizität 1.
Helium 65.
Holz 39.
Hysteresis 5.

Induktion 9.
Joulesche Wärme 4.
Isolatoren 2.
Jute 32.

Kautschuk 23.
Kobalt 53.
Kolophonium 30.
Kohle 61.
Kreisprozeß 6.
Kupfer 49.
Kupferlegierung 49.
Kristalle 57.

Leim 32, 62.
Leistungsfaktor 16.
Leiter 1.
Leitwert 2.

Namen- und Sachverzeichnis.

Leitungsströmung 16.
Lichtbogensicherheit 19.
Löten 67.

Marmor 39.
Magnetische Induktion 9.
Mangan 53.
Metallack 69.
Messing 52.
Mikanit 34.
Mineralwachs 29.
Moßsche Härteskala 22.
Molybdän 54.

Nachwirkung 14.
Nachladung 15.
Negat. Elektron 2.
Nickel 49.
Nichtleiter 1.

Oberflächendichte 10.
Oberflächenwiderstand 19.
Oberflächenwirkung 10.
Ohm 2.
Osmium 55.
Ozokerit 28.

Papier 31.
Paramagnetismus 9.
Paraffin 27.
Permeabilität 9.
Pertinax 31.
Platin 54.
Polarisationselektronen 13.
Posit. Elektr. 2.
Porzellan 36.
Preßspan 31.

Quanten 3.
Quarz 60.
Quecksilber 55.

Radioaktive Strahlung 19.
Rostschutz 69.
Rückstand 15.
Repelit 31.

Schellack 29.
Schwefel 60.
Schmirgel 62.
Seide 32.
Selen 61.
Silit 61.
Silber 56.
Spitzenwirkung 7.
Spez. Gewicht 21.
Sonnenbestrahlung 20.
Spritzverfahren 27.
Sprühverluste 7.
Stromverdrängung 10.

Tantal 54.
Temperatur 19.
Temp.-Koeffizient 3.
Thoroxyd 65.
Trolit 25.

Vanadium 54.
Verlustziffer 7.
Verlustwinkel 16.
Verschiebungsstrom 13.
Viskosität 20.
Vorgang im Dielektrikum 13.
Vulkanfiber 32.
Vulkanisierung 24.

Wasserstoff 65.
Wachs 27.
Weichgummi 23.
Widerstand 2, 3.
Wirbelströme 4.
Wismut 53.
Wolfram 54.
Wordmetall 53.

Zellon 39.
Zelluloid 39.
Zelluloidlack 39.
Zellonlack 43.
Zeresin 72.
Zink 46.
Zinn 47.
Zugfestigkeit 21.

Die oben angekündigte 2. Auflage enthält in 25 Kapiteln eine populär-wissenschaftliche Darstellung des heutigen Standes der Radio-Technik und ist ein vorzüglicher Führer durch das gesamte Radiogebiet.

Morsezeichen, Zeitsignale, Formeln und Tabellen. 18 erprobte, zum Teil neue amerikanische, Schaltungen mit genauen Materialzusammenstellungen zum Selbstbau.

Das Warenverzeichnis enthält die neuesten Apparate und alle erforderlichen Einzelteile zum Selbstbau und eine genauest berechnete Preisliste.

Nur Qualitätsware

Hunderte unverlangte Anerkennungen aus allen Teilen Deutschlands und des Auslandes.

F. Ehrenfeld / Frankfurt a.M. 401

Telegramm-Adresse: Radiofeld   Postscheck-Konto: 4628

Verlag von Julius Springer in Berlin W 9

Bibliothek des Radio-Amateurs. Herausgegeben von Dr. **Eugen Nesper.**

1. Band: **Meßtechnik für Radio-Amateure.** Von Dr. **Eugen Nesper.** Dritte Auflage. Mit 48 Textabbildungen. (56 S.) 1925.
0.90 Goldmark

2. Band: **Die physikalischen Grundlagen der Radiotechnik** mit besonderer Berücksichtigung der Empfangseinrichtungen. Von Dr. **Wilhelm Spreen.** Dritte, verbesserte Auflage. Mit 121 Textabbildungen. Erscheint im Juni 1925.

3. Band: **Schaltungsbuch für Radio-Amateure.** Von **Karl Treyse.** Neudruck der zweiten vervollständigten Auflage. (19.—23. Tausend.) Mit 141 Textabbildungen. (64 S.) 1925. 1.20 Goldmark

4. Band: **Die Röhre und ihre Anwendung.** Von **Hellmuth C. Riepka,** zweiter Vorsitzender des Deutschen Radio-Clubs. Zweite, vermehrte Auflage. Mit 134 Textabbildungen. (111 S.) 1925.
1.80 Goldmark

5. Band: **Praktischer Rahmenempfang.** Ein Leitfaden für Radiotechniker. Von Ing. **Max Baumgart.** Zweite, umgearbeitete Auflage. Mit etwa 60 Textabbildungen. Erscheint im Juni 1925.

6. Band: **Stromquellen für den Röhrenempfang** (Batterien und Akkumulatoren). Von Dr. **Wilhelm Spreen.** Mit 61 Textabbildungen. (72 S.) 1924. 1.50 Goldmark

7. Band: **Wie baue ich einen einfachen Detektor-Empfänger?** Von Dr. **Eugen Nesper.** Zweite Auflage. Mit 30 Abbildungen im Text und auf einer Tafel. (61 S.) 1925. 1.35 Goldmark

8. Band: **Nomographische Tafeln für den Gebrauch in der Radiotechnik.** Von Dr. **Ludwig Bergmann.** Zweite Auflage. Mit 53 Textabbildungen und zwei Tafeln. Erscheint im Juni 1925.

9. Band: **Der Neutrodyne-Empfänger.** Von Dr. **Rosa Horsky.** Mit 57 Textabbildungen. (53 S.) 1925. 1.50 Goldmark

10. Band: **Wie lernt man morsen?** Von Studienrat **Julius Albrecht.** Mit 7 Textabbildungen. Zweite Auflage. Erscheint im Juni 1925.

11. Band: **Der Niederfrequenz-Verstärker.** Von Ing. **O. Kappelmayer.** Mit 36 Textabbildungen. Zweite, vermehrte Auflage.
Erscheint im Juni 1925.

12. Band: **Formeln und Tabellen aus dem Gebiete der Funktechnik.** Von Dr. **Wilhelm Spreen.** Mit 34 Textabbildungen. (76 S.) 1925.
1 65 Goldmark

13. Band: **Wie baue ich einen einfachen Röhrenempfänger?** Von **Karl Treyse.** Mit 28 Textabbildungen. (50 S.) 1925.
1.35 Goldmark

15. Band: **Innen-Antenne und Rahmen-Antenne.** Von Dipl.-Ing. **Friedrich Dietsche.** Mit 25 Textabbildungen. (65 S.) 1925.
1.35 Goldmark

Verlag von Julius Springer in Berlin W 9

Bibliothek des Radio-Amateurs. Herausgegeben von Dr. **Eugen Nesper.**

In den nächsten Wochen werden erscheinen:
14. Band: **Die Telephonie-Sender.** Von Dr. **P. Lertes.**
17. Band: **Reflex-Empfänger.** Von cand. ing. radio **Paul Adorján.** Mit 52 Textabbildungen..
18. Band: **Fehlerbuch des Radio-Amateurs.** Von Ingenieur **Siegmund Strauß.** Mit etwa 70 Textabbildungen.
19. Band: **Internationale Rufzeichen.** Von **Erwin Meißner.**
20. Band: **Lautsprecher.** Von Dr. **Eugen Nesper.** Mit etwa 50 Textabbildungen.
21. **Funktechnische Aufgaben und Zahlenbeispiele** für den Radio-Amateur. Von **Karl Mühlbrett.** Mit 45 Textabbildungen und einer Tafel.
22. **Ladevorrichtungen und Regenerier-Einrichtungen der Betriebsbatterie für den Röhrenempfang.** Von Dipl.-Ing. **Friedrich Dietsche.** Mit etwa 50 Textabbildungen.

In Vorbereitung befinden sich:
Der Radio-Amateur im Gebirge. — Funktechnische Aufgaben und Zahlenbeispiele. — Systematik der Schaltungen. — Kettenleiter und Sperrkreise. — Graphische Darstellungen. — Kurzwellen-Empfänger. — Die Hochantenne.

Radio-Technik für Amateure

Anleitungen und Anregungen
für die Selbstherstellung von Radio-Apparaturen, ihren Einzelteilen und ihren Nebenapparaten

Von

Dr. **Ernst Kadisch**

Mit 216 Textabbildungen. (216 S.) 1925
Gebunden 5.10 Goldmark

Das vom Radio-Amateur für den Radio-Amateur geschriebene Buch enthält im theoretischen Teile eine gemeinverständliche Einführung und bietet **auch demjenigen Laien, dem das Bastlerinteresse ferner liegt, die Möglichkeit, in die einfachsten Grundlagen der drahtlosen Telephonie einzudringen.**

Die Selbstherstellung der Einzelteile, von Drehkondensatoren, Heizwiderständen, Spulen, Röhrenfassungen, Detektoren u. a. sowie der Zusatzapparate, z. B. Akkumulatoren, Anodenbatterien, Gleichrichtern, Meßinstrumenten usw. wird im prakt schen Teil ausführlich geschildert. Fast immer sind mehrere Konstruktionsmöglichkeiten bildlich und textlich erläutert, auch mischen sich Anleitungen und Anregungen miteinander, so daß auch der **fortgeschrittene Amateur** aus dem Buche seinen Nutzen ziehen kann.

Verlag von Julius Springer in Berlin W 9

Der Radio-Amateur
(Radiotelephonie)
Ein Lehr- und Hilfsbuch für Radio-Amateure aller Länder
Von
Dr. Eugen Nesper

Sechste, vollständig umgearbeitete und erweiterte Auflage
Mit etwa 900 Textabbildungen auf 830 Seiten
Erscheint im Juni 1925

In kurzer Zeit sind fünf Auflagen des Nesperschen Buches vollkommen vergriffen gewesen. Der bekannte Verfasser hat jetzt das Gesamtgebiet völlig neu durchgearbeitet und damit wieder ein Buch geschaffen, das bis ins einzelne ein umfassendes Lehr- und Nachschlagewerk über das Radioamateurwesen, oder richtiger gesagt: die Radiotelephonie darstellt. Die neue Auflage geht auf alle Schaltungen, Apparateausführungen, Entwicklungen, Behelfe, Zubehörteile, Fehler, Erfahrungen usw. ein, die seit Betätigung der Radiotelephonie auch in Deutschland entstanden sind. Schaltungen, Tabellenmaterial, Einzelteile usw. sind stark vermehrt. Das Buch bietet für jeden Interessenten ein vollständiges Kompendium alles Wissenswerten auf dem Gebiete des Radioamateurwesens. Das umfangreiche Tabellen- und Herstellungsmaterial ermöglicht es dem ersten Anfänger wie dem routinierten Bastler, sich die für seinen Bedarf jeweils günstigen Apparate und Schaltungen herzustellen.

Verlag von Julius Springer und M. Krayn in Berlin W 9

Der Radio-Amateur
Zeitschrift für Freunde der drahtlosen Telephonie und Telegraphie
Organ des Deutschen Radio-Clubs

Unter ständiger Mitarbeit von
Dr. **Walther Burstyn**-Berlin, Dr. **Peter Lertes**-Frankfurt a. M., Dr. **Siegmund Loewe**-Berlin und Dr. **Georg Seibt**-Berlin u. a. m.

Herausgegeben von
Dr. **Eugen Nesper**-Berlin und Dr. **Paul Gehne**-Berlin

Erscheint wöchentlich im Umfange von 20—24 Seiten
mit Wochenprogramm sämtlicher deutscher Rundfunksender
Vierteljährlich 5 Goldmark zuzüglich Porto

(Die Auslieferung erfolgt vom Verlag Julius Springer in Berlin W 9)

Verlag von Julius Springer in Berlin W 9

Lehrkurs für Radio-Amateure
Leichtverständliche Darstellung der drahtlosen Telegraphie und Telephonie unter besonderer Berücksichtigung der Röhrenempfänger

Von

H. C. Riepka
Mitglied des Hauptprüfungsausschusses
des Deutschen Radio-Clubs e. V., Berlin

Mit 151 Textabbildungen. (160 S.) Gebunden 4.50 Goldmark

Im vorliegenden Buch werden die für den Radio-Amateur unbedingt zu beherrschenden Wissensgebiete behandelt, und zwar zunächst die physikalischen Grundlagen, also Stromspannung, Widerstand, elektrische und magnetische Felder usw. Sodann werden die Experimente der Fernmeldetechnik besprochen, wobei der Röhre in ihren verschiedensten Anwendungsgebieten ein besonderer Raum gewährt ist. Tabellen und Zeichnungen vervollständigen das Buch. Es eignet sich besonders zur Vorbereitung für die Prüfung zur Erlangung der Audionversuchserlaubnis. Aber selbst wenn diese Prüfung im Herbst aufgehoben wird, wird das Riepkasche Buch für alle Radio-Amateure, die mit Röhrenempfängern arbeiten lernen wollen, unentbehrlich sein.

Kalender der Deutschen Funkfreunde 1925

Bearbeitet im

Auftrage des Deutschen Funk-Kartells

von

Dr.-Ing. Karl Mühlbrett und Ziviling. Friedr. Schmidt
Techn. Staatslehranstalten
Hamburg

Generalsekretär d. Deutschen
Funk-Kartells Hamburg

Mit einem Geleitwort von

Dr. H. G. Möller
Universitätsprofessor in Hamburg
Vorsitzender des Deutschen Funk-Kartells

Erster Jahrgang. (120 S.) Unveränderter Neudruck. 1925

Gebunden 2 Goldmark

Verlag von Julius Springer in Berlin W 9

Radio-Schnelltelegraphie. Von Dr. **Eugen Nesper.** Mit 108 Abbildungen. (132 S.) 1922. 4.50 Goldmark

Elementares Handbuch über drahtlose Vakuum-Röhren. Von **John Scott Taggart,** Mitglied des Physikalischen Institutes London. Ins Deutsche übersetzt nach der vierten, durchgesehenen englischen Auflage von Dipl.-Ing. Dr. **Eugen Nesper** und Dr. **Siegmund Loewe.** Mit etwa 140 Abbildungen im Text. Erscheint im Sommer 1925.

Der Fernsprechverkehr als Massenerscheinung mit starken Schwankungen. Von Dr. **G. Rückle** und Dr.-Ing. **F. Lubberger.** Mit 19 Abbildungen im Text und auf einer Tafel. (155 S.) 1924.
11 Goldmark; gebunden 12 Goldmark

Grundversuche mit Detektor und Röhre. Von Dr. **Adolf Semiller,** Studienrat am Askanischen Gymnasium in Berlin. Mit 29 Textabbildungen. Erscheint im Sommer 1925.

Radiotelegraphisches Praktikum. Von Dr.-Ing. **H. Rein.** Dritte, umgearbeitete und vermehrte Auflage von Prof. Dr. **K. Wirtz,** Darmstadt. Mit 432 Textabbildungen und 7 Tafeln. (577 S.) 1921. Berichtigter Neudruck. 1922. Gebunden 20 Goldmark

Hochfrequenzmeßtechnik. Ihre wissenschaftlichen und praktischen Grundlagen. Von Dr.-Ing. **August Hund,** Beratender Ingenieur. Mit 150 Textabbildungen. (340 S.) 1922. Gebunden 11 Goldmark

Grundzüge der technischen Schwingungslehre. Von Prof. Dr.-Ing. **Otto Föppl,** Braunschweig. Mit 106 Abbildungen im Text. (157 S.) 1923. 4 Goldmark; gebunden 4.80 Goldmark

Technische Schwingungslehre. Ein Handbuch für Ingenieure, Physiker und Mathematiker bei der Untersuchung der in der Technik angewendeten periodischen Vorgänge. Von Dipl.-Ing. Dr. **Wilhelm Hort,** Oberingenieur bei der Turbinenfabrik der AEG, Privatdozent an der Technischen Hochschule in Berlin. Zweite, völlig umgearbeitete Auflage. Mit 423 Textfiguren. (836 S.) 1922.
Gebunden 24 Goldmark

Mathematische Schwingungslehre. Theorie der gewöhnlichen Differentialgleichungen mit konstanten Koeffizienten sowie einiges über partielle Differentialgleichungen und Differenzengleichungen. Von Dr. **Erich Schneider.** Mit 49 Textabbildungen. (200 S.) 1924.
8.40 Goldmark; gebunden 9.15 Goldmark

MIX
Papier aus verantwortungsvollen Quellen
Paper from responsible sources
FSC® C105338

If you have any concerns about our products,
you can contact us on
ProductSafety@springernature.com

In case Publisher is established outside the EU,
the EU authorized representative is:
**Springer Nature Customer Service Center GmbH
Europaplatz 3, 69115 Heidelberg, Germany**

Printed by Libri Plureos GmbH
in Hamburg, Germany